航空航天类专业导论

主　编　姚卫星
副主编　周来水　王英锋　方贤德

中国教育出版传媒集团
高等教育出版社·北京

内容提要

本书面向航空航天类专业本科一年级学生,介绍了航空航天类专业的范畴、研究对象、作用和地位、历史沿革等专业概况,阐述了从事本专业工作应具备的能力和素质要求,简述了专业培养目标、课程安排等专业知识体系,同时介绍了航空航天类四个专业的专业范畴、教学安排、研究方法和手段、南京航空航天大学的专业特色以及发展趋势。

本书可作为航空航天类专业的教科书,也可供从事航空航天相关工作的工程技术人员参考,也可作为希望了解航空航天类专业的高考学生和家长的阅读材料。

图书在版编目(C I P)数据

航空航天类专业导论 / 姚卫星主编;周来水,王英锋,方贤德副主编. -- 北京:高等教育出版社,2023.6

ISBN 978-7-04-059749-3

Ⅰ. ①航… Ⅱ. ①姚… ②周… ③王… ④方… Ⅲ. ①航空学 - 高等学校 - 教材 ②航天学 - 高等学校 - 教材 Ⅳ. ①V2②V4

中国国家版本馆CIP数据核字(2023)第010255号

Hangkonghangtianlei Zhuanye Daolun

| 策划编辑 | 高云峰 | 责任编辑 | 黄涵玥 | | 封面设计 | 李小璐 | | 版式设计 | 李彩丽 |
| 责任绘图 | 于 博 | 责任校对 | 刘俊艳 胡美萍 | | 责任印制 | 赵 振 | | | |

出版发行	高等教育出版社	网 址	http://www.hep.edu.cn
社 址	北京市西城区德外大街 4 号		http://www.hep.com.cn
邮政编码	100120	网上订购	http://www.hepmall.com.cn
印 刷	北京鑫海金澳胶印有限公司		http://www.hepmall.com
开 本	787 mm×1092 mm 1/16		http://www.hepmall.cn
印 张	11		
字 数	260 千字	版 次	2023 年 6 月第 1 版
购书热线	010-58581118	印 次	2023 年 6 月第 1 次印刷
咨询电话	400-810-0598	定 价	28.60 元

本书如有缺页、倒页、脱页等质量问题,请到所购图书销售部门联系调换

前　言

编著《航空航天类专业导论》一书源自教学的需要。本专业开设专业导论课程的目的是引导学生了解专业,并期望对学生的后续选课和专业选择有所帮助。但对于这门课究竟应该如何上、讲授哪些内容等问题尚未达成高度一致。本教材是南京航空航天大学航空航天类专业部分教授讨论的结果。

编著本教材主要有两个难点需要妥善处理。一是本科一年级的学生对于大学氛围刚有一点体会,但对于专业还十分模糊,对于专业知识更是知之甚少,这给选取哪些内容编入专业导论课教材带来了挑战。二是航空航天类五大专业的专业方向较多,并且不同学校认同的方向的差别还较大,如何圈定专业方向的范畴又是一个挑战。本教材在编著过程中采用了下述三个方法应对以上两个难点。

1. 简介与专业的协调。作者希望本教材不仅能够有效地指导学生本科阶段的选课,加深学生对航空航天类专业的了解,而且能够对学生以后从事专业工作有所启发。

2. 普遍与特殊的协调。尽管不同教授和专家对航空航天类专业的专业范畴的观点可能有所不同,但从"宽口径、厚基础、重能力"的培养思路来看,各专业的基础知识大部分相同。因此本教材从比较普遍认同的航空航天类专业范畴出发,介绍航空航天类专业的专业范畴、研究方法和发展趋势。例如飞行器的控制、导航制导等方面的大部分内容没有列入飞行器设计与工程专业的范畴;机载设备、系统附件、电缆和导管等由专门工厂制造,没有列入飞行器制造范畴;发动机的机械润滑系统、附件传动系统等方面的内容没有列入飞行器动力工程专业的范畴。

3. 一般与特色的协调。不同培养单位的航空航天类专业有其自身的特色和传统,传统航空航天重点大学有自己的航空航天专业特色,本教材试图通过介绍专业发展趋势和南京航空航天大学相关专业的特色来平衡这种差别。

本书的第1章和第2章由姚卫星教授编著,第3章由周来水教授组织飞行器制造工程有关老师编著,第4章由王英锋副教授和胡续腾副教授编著,第5章由方贤德教授编著,航空宇航科学与技术学科的众多老师为本教材提供了很多素材。编著过程中得到了南京航空航天大学长空学院、航空学院、能源与动力学院、机电学院等有关部门老师和领导的帮助。作者对他们的贡献表示衷心的感谢。

在本书的编著过程中,作者参考了大量国内外的文献资料和有关教材,在此对所有原作者表示诚挚的感谢。本书编著者向西北工业大学万小鹏教授表示衷心的感谢!万教授认真审阅了全书并提出了有益的建议,万教授的建议使本书更加全面完善。

本书是国内编著的第一本航空航天类专业导论的教材,其取材、论述、论据等方面或存在不当之处,衷心希望读者批评指正。作者邮箱为 wxyao@nuaa.edu.cn。

编著者
2022.3 于东华湖畔

目 录

第 1 章　专业简介

航空航天类专业导论是一门重要的专业入门课程。本课程从宏观角度系统地介绍了航空航天类专业的组成与内涵、面向的对象与内容、专业和学科体系、专业在国民经济和国防建设中的地位、专业的发展趋势，重点介绍航空航天类专业的知识结构，并简要介绍南京航空航天大学在航空航天类专业学科领域的优势和特色研究方向。

本章主要介绍航空航天类专业的专业设置、专业历史、专业人才培养体系、基本知识结构、专业发展前景以及本课程的目的。

1.1　专业设置

1.1.1　航空航天产品

航空航天产品十分广泛，但主体产品对象为航空航天飞行器及其附属物。

自然界中物质有三态：固态、液态和气态，地球大气层外是"真空"。在不同介质中运动的物体被赋予了不同的名称。在液态"水"中运动的物体被称为"水面或水中航行器"，如潜艇、巡洋舰、游船等；在气态"空气"中运动的物体被称为"航空器"，如飞机、直升机、巡航导弹等；在"（似）真空"中运动的物体则被称为"航天器"，如运载火箭、神舟飞船、人造卫星、空间站等。此处所说的"物体"指的是"人造器具/机器"。航空器和航天器的总称为飞行器（flight vehicle）。

航空航天产品围绕飞行器展开，主要包括飞行器平台、动力系统、机载系统、人机与环境系统、飞行器使用保障系统等产品。航空航天类专业学生主要学习航空航天产品的设计、制造、使用、维护等内容。

1.1.2　航空航天类专业面临任务与国家需求

航空航天工业的主要任务是提供航空航天产品及其服务，完成这一任务所需要的专业人员范围十分广泛，航空航天类专业的根本任务就是为航空航天工业培养专门人才。

航空航天技术是国家重点支持的高新技术之一，航空航天工业是我国的支柱产业之一，航空航天是关系到国家战略安全，推动国民经济发展，引领科技进步的高科技领域。

1. 国家安全

航空航天工业是国家国防力量的主要支撑之一,维护国家安全以及获取未来高科技局部战争的胜利无不依赖于各类先进的飞行器,航空航天工业的发展水平已成为一个国家科技水平和综合国力集中体现的标志之一。

当前和今后一段时间,我国航空科技工业将研发以新一代歼击机、舰载机、大型运输机、武装直升机、无人机为代表的先进航空武器装备。在现代战争中,先进航空武器装备将起到决定胜负的关键作用。大型军用飞机在军用运输、战略战术轰炸等方面也发挥着至关重要的作用。各类无人机装备也将成为各国军队竞相研制的杀手锏和决定战争胜负的主要装备因素之一。

各种军用卫星的发展,使军事侦察、通信、测绘、导航、定位、预警、监测、气象预报等的能力和水平空前提高,因此,军用卫星在军事上的地位日益重要。军用航天技术可为军事行动,如情报获取、敌情监视、通信导航以及未来的空间作战等提供最现代化的手段,在支援地面军事力量方面发挥越来越重要的作用,成为现代军事技术不可或缺的组成部分。人造地球卫星、空间站等空间飞行器是全球通信指挥和侦察监视等信息的获取平台,也是保障国家安全的重要平台。导弹是现代战争的利器,战术导弹可用于打击敌方战役战术纵深内的核袭击兵器、集结的部队、坦克、飞机、舰船、雷达、指挥所、机场、港口、铁路枢纽和桥梁等目标;而战略导弹可携带核弹头,用于攻击敌方的政治和经济中心、军事和工业基地、核武器库、交通枢纽等目标,以及拦截来袭战略弹道导弹,是国家安全的威慑力量。

航天技术还将对战争模式和作战方式产生影响,除了已经出现的用高技术手段进行的军事冲突和小型局部战争之外,还将有可能出现如外层空间的军事冲突和小型战争,以及星球大战和世界性高技术战争等新的战争样式。

2. 国民经济

航空航天工业是国民经济支柱产业之一。航空航天工业的意义并不完全在于其投入产出比,因为它是高带动性的产业,其产业链条长、辐射面宽、联带效应强,对经济和科技的发展具有巨大的带动作用。航空航天工业是现代高新技术的高度集成,技术扩散率高达 60%~70%,资金和技术的转移不仅给其他部门带来了可观的经济效益,而且推动了技术进步,因此可提高一个国家整体的科技发展水平。

研制和发展大型飞机是建设创新型国家,提高我国自主创新能力和增强国家核心竞争力的重大战略举措。研制大飞机的过程涉及多个学科,如力学、材料学、航空电子学、信息学、控制工程等;另外,从工业基础上看,大飞机产业涉及化工、电子、冶金、制造等部门,可以带动现代先进制造技术,被称为"现代工业之花",是促进国家科技、产业完整体系的一个重要措施。因此,研制大飞机是一个国家综合实力的体现。大飞机工程研发周期长、涉及范围广、影响时期远。在研制方面,民用大型飞机总体设计技术,长寿命、高可靠性结构设计技术,大推力、长寿命、高可靠性发动机设计技术,大型整体结构制造技术等是亟待突破的关键技术。

随着经济的发展,作为整个民用航空产业的重要组成部分,通用航空产业在社会发展、经济建设和公共服务等方面发挥着越来越重要的作用。通用航空产业是通用航空器研发、制造、运营及其综合保障和服务业的总和。通用航空产业是一个国家航空产业发展壮大的基础,其产业群庞大,产业链长,涉及制造、运营、维护、航油、培训、保险等多个业务领域,对经济的拉动力很强。根据国际经验,通用航空产业对经济的拉动力约为 1∶10,而汽车产业对经济的拉动力只有约 1∶4;通用航空产业对就业的拉动比可达 1∶12。

人造地球卫星技术已渗透到国民经济的各个领域,特别是在通信、导航、信息获取、地面监视与管理等领域已不可缺少。人造卫星的应用使人类开发利用信息资源的广度和速度产生了质的飞跃。航天技术与信息技术相结合,推动了人类的"知识爆炸",掀起了国民经济信息化与全球化的滚滚浪潮,信息流通的加速又带动了材料、能源、资本、商品、技术和知识流通的加速。

航空航天活动还大大扩大了人类的知识宝库和物质资源,给人类日常生活带来了重大的影响和巨大的经济效益,也大大推动了现代科学技术和现代工农业的向前发展。

3. 高新技术

航空航天产品是一种复杂的科技产品,和高新技术密不可分。飞行器的出现带动了众多新学科的发展,其他学科领域的技术进步又促进了新型飞行器的诞生或飞行器的升级换代。航空航天历来是尖端科技的聚集区,是诸多科技领域的高度集成,航空航天科学技术领域荟萃了当今世界上科学技术的众多成果和各类专业的人才。

新型航空武器装备在各航空先进国家竞相发展,军用飞行器正向可隐身、高机动性、机载电子设备集成化等方向发展,军用运输、战略战术轰炸等性能也不断提高。航空飞行器设计理念、技术和手段等飞速进步,隐身设计技术、超音速巡航、高推重比发动机和推力矢量技术、过失速机动、主动控制技术等日趋成熟。

空间飞行器将朝着灵活、机动、可维修、长寿命、自主化等方向发展。在满足灵活性和局部战争需要方面,战术应用卫星、移动卫星通信和轻小型卫星具有突出优点,正日益受到各国重视;空间站在未来的军事领域和科技创新方面起到特殊的作用;航天运输系统将朝着低费用、高可靠、可重复使用和快速发射的方向发展。

随着航空航天科技的发展,高新技术在航空航天中广泛应用并呈现出多种技术综合化的特点。一是有关领域的专有技术不断涌现,如精密制造工艺、燃料推进、电子技术、自动控制、材料科技、密封技术等领域内的最精尖技术;二是系统集成能力不断提高,将跨学科、跨门类的技术综合运用,且确保高精确性、协调性和经济性。同时,航空航天技术不断提出的新要求,又促进了相关学科和领域科学技术的不断进步。

航空航天产品的高精尖要求产生了一大批创新理论、先进技术和革命性产品,如高速流体力学、颤振理论、可靠性工程等理论和原理,如系统工程、多学科协同设计、CAD/CAM、损伤容限等技术和手段,又如雷达、GPS、太阳能电池、复合材料、梯度材料、互联网、工程设计和分析软件等产品和软件。这些理论、技术和产品源自航空航天业,成长于航空航天业,成熟并应用于包括航空航天业的各行各业。

1.1.3 各专业的主要任务

所谓的"专业"就是课程的集合,也就是知识的组合。可以从学科标准、职业标准和学生标准对专业加以理解。设置专业的目的是培养专门人才,而学科的发展与交汇,需要对专业进行不断的调整。在最新版的普通高等学校本科专业目录(2020 年颁布,2021 年更新)中,航空航天类本科专业共有 11 个,其中基本本科专业有 5 个,其代码和名称如下:

082001　航空航天工程

082002　飞行器设计与工程

082003　飞行器制造工程

082004　飞行器动力工程

082005　飞行器环境与生命保障工程

这 5 个基本本科专业的主要研究内容和相互关系分别如表 1.1 和图 1.1 所示。

表 1.1　航空航天类 5 个基本本科专业的主要研究内容

本科专业	主要研究内容
航空航天工程 (082001)	从航空航天大系统的角度研究系统工程(如航空航天产品的设计需求、技术要求、设计指标等,又如产品研究流程、标准、规范等)、可靠性工程(如可靠性指标、保障性等)、维修性工程(如维修体系、维修策略等)、适航管理和技术等
飞行器设计与工程 (082002)	飞行器平台的研发,主要包括飞行器总体设计、结构设计、系统设计,同时开展飞行器技术要求、设计理论和技术、使用维护技术等方面的研究
飞行器制造工程 (082003)	飞行器产品的制造,主要包括飞行器制造工艺、制造流程、制造装备、质量检测等,同时开展飞行器制造的信息化、网络化、智能化技术及飞行器维护维修技术研究
飞行器动力工程 (082004)	飞行器动力装置(发动机)的研发,主要包括发动机总体性能与部件气动热力学设计、结构与强度设计,控制与其他子系统设计,同时开展飞/发一体化、发动机试验测试技术、使用维护技术等方面的研究
飞行器环境与生命保障工程 (082005)	主要涉及飞行器内部环境控制,飞机防/除冰,高超声速飞行器热防护,飞机安全救生,航天器生命保障,人机功效,航空航天生理,以及航空航天环境模拟等方面的理论和实验研究、产品研发与适航维护等

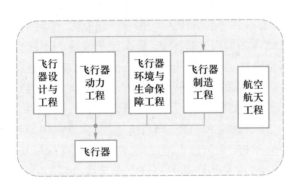

图 1.1　航空航天类 5 个基本本科专业相互关系

1.1.4　相关专业之间的关系

学科专业的内涵和范畴随着科技的发展一直在变迁,专业的设置很难避免不同专业之间存在部分交叉和重叠。本科专业目录中有多个专业和航空航天类专业有密切关系或部分重叠,表 1.2 列出了一些主要相关专业。

表 1.2　航空航天类专业相关的主要本科专业及主要相关或重叠部分

航空航天类专业	主要相关专业	主要相关或重叠部分
航空航天工程	系统科学与工程	将系统工程理论和技术应用于航空大系统和航天大系统,研究航空航天产品的技术要求、过程管理、效果评估
	运筹学	应用运筹学对航空航天系统进行筹划、安排,决策最佳的方案
	可靠性工程	将航空航天产品和各类系统作为对象,应用可靠性工程和技术研究其失效物理机制、故障模式和故障树,寿命和可靠性模型,维修性、可靠性增长等问题
飞行器设计与工程	流体力学	应用空气动力学和管道流体力学于飞行器外形、飞行、内流、管道等的设计
	固体力学	应用固体力学于飞行器结构、系统、起落装置等的设计,以保证飞行器的强度、刚度和寿命满足设计要求
	控制科学与工程	针对飞行器的飞行控制、液压控制、结构控制等要求,采用控制原理和技术实现控制目标
	电气工程及其自动化	了解飞行器上电气设备和器件的性能并参与其选型选用
	测控技术与仪器	在飞行器上布置传感器,使飞行器及外界的各种信息及时准确地汇总给驾乘和地面人员,更好地发挥飞行器功能
飞行器制造工程	机械制造及自动化	应用一般机械制造方法、手段,研究航空航天产品加工制造工艺
	机械电子工程	应用光、机、电、液、信一体化技术,实现航空航天产品制造的数字化、自动化、智能化
	材料加工工程	应用材料加工工程的一般方法、手段,实现航空航天产品零部件的加工制造,如 3D 打印、蒙皮成形、复材构件成型等
飞行器动力工程	能源与动力工程	应用热力学原理于发动机热力循环和总体性能的设计
	流体力学	应用流体力学和气体动力学原理于发动机叶轮机械、燃烧室、进排气及空气系统等的设计
	固体力学	应用固体力学原理于发动机结构和附件系统等的设计,以保证发动机的强度、刚度、振动和寿命满足设计要求
	控制科学与工程	针对发动机的运行控制、状态监视和健康管理等要求,采用控制原理和技术、测控技术和仪器等实现控制、监视和健康管理的目标
	电气工程及其自动化	针对发动机上电气设备和系统的性能要求进行相应的研究、设计和选型等
	机械工程	针对发动机轴承及润滑系统、齿轮传动系统等子系统的要求进行研究、设计和选型等
飞行器环境与生命保障工程	建筑环境与能源应用工程	可延伸至建筑物通风、供热、供燃气、空气调节、制冷技术、制冷装置及其自动化、建筑节能、室内给排水、建筑电气等。对应的研究生专业为供热、供燃气、通风及空调工程
	能源与动力工程	可延伸至热能利用,民用热交换设备,能源利用与回收,新能源(太阳能、风能等)利用,热动力工程,以及核动力工程中的水动力系统等。对应的研究生专业为制冷及低温工程、工程热物理、热能工程、动力机械及工程、流体机械及工程等

续表

航空航天类专业	主要相关专业	主要相关或重叠部分
飞行器环境与生命保障工程	飞行器动力工程	可延伸至发动机冷却、发动机进气道防/除冰、发动机部件气动热力学设计等。对应的研究生专业为航空宇航推进理论与工程
	交通运输、海洋、矿业工程	向这个领域的延伸主要包括陆海运载工具的空气调节系统、通风和制冷系统、矿井通风、陆海矿安全救生以及陆海矿热环境模拟等

1.2 专业历史

在我国,高等教育的本科专业设置大体可分为两类,即按照学科内涵设置和按照研究对象设置。航空航天类专业是按照研究对象而设置的专业。世界各国对此类专业的设置有很大差别,在我国本专业的内涵和范围也发生过多次变迁。

1.2.1 国际上航空航天类专业的设置情况简介

欧美教育体系的国家基本上不设置这类本科专业,而是用类似航空宇航工程专业这样的名词统称之,并且还可能包括飞行控制、电气等内容,将相关的专业教学内容放在航空系、航空宇航系、或机械工程系,也有一些学校甚至放在土木工程系。这些国家的高等教育行政机构通常也不会强制规范各学校的专业名称和内涵。

俄罗斯基本上继承了苏联的教育体系,专业设置比较细。在主要的航空航天高等学校设置有飞机设计、直升机设计、导弹设计、人造卫星设计、火箭设计、航空发动机设计、火箭发动机设计、飞机制造、发动机制造、液压控制、飞机环控等专业。

1.2.2 本专业在我国的历史沿革

我国高等教育的专业设置以及专业名称由教育部统一进行管理和规范。

中国目前的专业体制形成于 1952 年,当时几乎完全模仿了苏联教育的做法。专业,特别是应用科学技术性专业主要根据工业对象或业务对象,或者说按照社会职业分工进行划分。建国初期,这种专业体制确实培养了精通一门专业知识,并能直接到生产第一线迅速发挥作用的人才,而当产业结构和技术变革发生时,原有专业体制培养的人才便难以适应新的环境。

对高等教育人才培养目标的研究表明,过去单一、僵硬的批量培养模式已不能很好地适应社会的要求,高等教育的培养模式应当是多目标、动态性以及多层次的。

中华人民共和国成立以来,我国多次对高等教育专业设置及其结构进行调整,以缓解专业结构不合理以及由此造成的人才供求不平衡的矛盾。改革开放以来,我国共进行了五次大规模的学科目录和专业设置调整工作,分别于 1987 年、1993 年、1998 年、2012 年、2020 年颁布实施了《普通高等教育本科专业目录》,力图解决专业划分过细、范围过窄、有的专业名称欠科学、门类之间专业重复设置等问题。

1987 年的修订,主要是为了解决之前专业设置混乱的问题,专业名称和专业内涵得到整理和规范。但是专业很窄,例如在 1987 年版的专业目录中,属于目前飞行器设计与工程专业范畴的专业包括了飞机设计、直升机设计、有翼导弹设计、火箭设计和人造卫星设计等专业。

1993 年的修订,重点解决专业归并和总体优化的问题,形成了体系完整、统一规范、比较科学合理的本科专业目录。但专业划分还比较细,如在 1993 年版的专业目录中,属于目前飞行器设计与工程专业范畴的专业减至 4 个,即航空飞行器设计、空间飞行器设计、飞行器强度与实验技术、空气动力学与飞行力学。

1998 年的修订工作按照"科学、规范、拓宽"的原则进行,改变了过去过分强调"专业对口"的教育观念和模式。航空航天类专业在 1998 年版的专业目录中简化合并为四个。其后又做了一些微调,在 2012 年版的专业目录中增加了航空航天工程专业,近年来有些学校根据自己的特长又自主设置了一些本科专业。

从专业设置角度,本科专业是按门、类、专业三级进行规范的,三级都有国家统一的代码。表 1.3 列出了本专业在我国改革开放后的历史沿革概况。

表 1.3　本专业在我国改革开放后的历史沿革情况

年份	门、类	专业代码与名称
1993	工学(08) 航空航天类(0818)	081801 航空飞行器设计、081802 空间飞行器设计、081803 飞行器强度与实验技术、081806 飞行器制导与控制、082102 空气动力学与飞行力学
		081804 飞行器动力工程
		081805 飞行器制造工程
		081807 火箭导弹发射技术与装备
		081808 飞行器环境控制与安全救生
1998	工学(08) 航空航天类(0815)	081501 飞行器设计与工程
		081502 飞行器动力工程
		081503 飞行器制造工程
		081504 飞行器环境与生命保障工程
2007	工学(08) 航空航天类(0820)	082001 飞行器设计与工程
		082002 飞行器动力工程
		082003 飞行器制造工程
		082004 飞行器环境与生命保障工程
2012	工学(08) 航空航天类(0820)	082001 航空航天工程
		082002 飞行器设计与工程
		082003 飞行器制造工程
		082004 飞行器动力工程
		082005 飞行器环境与生命保障工程

另外,从学科角度,目前我国是按门类、一级学科、二级学科、专业这四级进行规范的。一级学科对应于博士后流动站的名称,二级学科对应的是博士点和硕士点的名称,专业则对应于学士点的名称。如飞行器设计与工程专业归属于工学(门类)、航空宇航科学技术(一级学科)、

飞行器设计(二级学科)。

1.2.3 本专业在国内设置的情况

国内设立航空航天类专业的学校主要包括下述四类。

第一类是传统航空航天重点大学,主要包括哈尔滨工业大学、北京航空航天大学、南京航空航天大学、西北工业大学、国防科技大学、北京理工大学和南京理工大学。哈尔滨工业大学和国防科技大学的主要研究对象是空间飞行器,北京航空航天大学的主要研究对象是飞机和火箭,南京航空航天大学的主要研究对象是飞机、直升机和小卫星,西北工业大学的主要研究对象是飞机和导弹。

第二类是传统航空航天普通大学,主要包括沈阳航空航天大学、南昌航空航天大学、中国民航大学、中国民用航空飞行学院等高校,这些高校在某些学科方向有很强的实力。

第三类是设有航空航天类专业的教育部重点高校,如清华大学、上海交通大学、浙江大学、复旦大学、西安交通大学、同济大学、中南大学、厦门大学等,这些高校一般以大类招生和培养,不像传统航空航天重点大学专业学科齐全,但在某些研究方向有特长。

第四类是设有航空航天类专业的其他普通高等学校,这类学校数量较多,在某些方面有较好的基础,为航空航天业和民航业培养了大量应用型人才。

1.3 专业人才培养体系

南京航空航天大学的航空航天类专业已建立了完备的三级人才培养体系,涵盖了大学本科、硕士和博士,可授予工学学士、硕士和博士学位。获得博士学位后,还可以到博士后流动站从事专门研究。

1.3.1 本科

航空航天类本科专业的学制为4年,修满规定课程学分且学分绩点达到要求者可被授予工学学士学位。

本科阶段学习的基本要求:较好地掌握航空宇航科学与技术学科的基础理论、专门知识和基础技能,具有严谨求实的科学态度和作风,具有从事本学科科学研究工作或担负专门技术工作的初步能力。

1.3.2 硕士

航空航天类硕士研究生的学制为2~3年,修满规定课程学分,完成硕士学位论文且通过评阅和答辩者可被授予工学硕士学位。

硕士研究生阶段学习研究的基本要求:掌握坚实的航空宇航科学与技术学科的基础理论和系统的专门知识,了解学科的发展现状、趋势及研究前沿,较为熟练地掌握一门外国语,具有严谨求实的科学态度和作风,具有从事本学科和相关学科领域的科学研究或独立担负专门技术工作的能力。

1.3.3 博士

航空航天类博士研究生的学制一般为3~4年,实际时间因人而异,最长可达到6~8年。修满规定课程学分,完成博士学位论文且通过评阅和答辩者可被授予工学博士学位。

博士研究生阶段学习研究的基本要求:掌握坚实宽广的航空宇航科学与技术学科的基础理论和系统深入的专门知识,深入了解学科的发展现状、趋势及研究前沿,熟练地掌握一门外国语,具有严谨求实的科学态度和作风,具有独立从事科学研究工作的能力。

1.3.4 博士后

博士后流动站设立于航空宇航科学与技术一级学科,每期 2 年左右。博士后研究人员的身份是工作人员,而非学生。他们是获得博士学位后进入与其博士学科不同的学科点专门从事探索性、开拓性和创新性科学研究的正式职工,因此"博士后"是一种经历,而非学历。

1.3.5 人才培养体系组织架构

专业人才培养既要有柔性,让学生有兴趣地获取各类知识和激发学生的创造性潜能,又要循序渐进,让学生以点带面、扎实掌握和深刻理解专业知识,了解科学研究的基本规律、科学方法和技术途径。图 1.2 为航空航天类专业架构,示意性地给出了成为航空航天领域大专家的修炼过程。

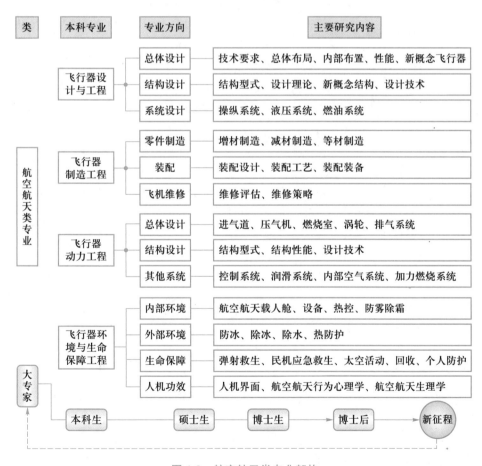

图 1.2　航空航天类专业架构

1.4 基本知识结构

依据"重基础、宽口径,突出工程和创新,强调课程综合化、产学研一体化和国际化,注重设计、制造、新材料、信息和工程技术的融合"之原则,设计了本专业的知识构架。

1.4.1 课程结构

学生根据人才培养方案,通过课程学习和实践环节,掌握必备的知识和能力,为今后的工作打下基础。

根据课程平台属性进行划分,航空航天类专业的理工方面的知识结构及相应的课程安排见表1.4。

表 1.4 航空航天类专业的理工方面的知识结构及相应的课程安排

课程平台	课程模块		主要课程名称
通识教育	工科本科基础		英语、高等数学、大学物理、普通化学、线性代数、计算方法、概率论与数理统计、复变函数、数理方程、数据结构、C++ 程序语言设计、计算机图形学
学科基础	学科理论基础		理论力学、材料力学、流体力学、热力学基础、控制系统工程、电工与电子技术、机械原理、机械设计基础
	学科技术基础		工程图学、互换性与技术测量、工程材料学
	各专业核心课	飞行器设计与工程	飞行器空气动力学、飞行器飞行力学、结构力学、飞行器总体设计、飞行器结构设计、飞行器系统设计、复合材料力学、结构动力学、传感器与测试技术
		飞行器制造工程	机械制造工艺学、钣金成形原理与技术、数字化设计制造技术基础、飞机装配工艺学、飞行器复合材料结构制造技术
		飞行器动力工程	航空发动机原理、叶轮机原理与设计、燃烧室原理、航空发动机结构分析与设计、航空发动机控制原理、航空发动机强度、航空发动机总体设计
		飞行器环境与生命保障工程	传热学、工程热力学、制冷附件、空调用制冷技术、防护救生技术、飞行器环境控制、飞机座舱参数控制
	学科拓展		公共选修课、跨门类选修课、跨学科选修课、跨专业选修课
	实践能力培养		大学物理实验、工程训练、机械设计基础课程设计、专业综合课程设计、校企实习、毕业设计、课外科技创新活动

1.4.2 基本专业知识结构

专业的使命决定了专业的知识结构。可以从学科基础的角度将专业分成若干组成部分,每个部分对应一类专业知识。例如飞行器设计与工程专业的主要研究对象是各类飞行器平台,而飞行器平台设计可分为总体设计、结构设计和系统设计三个方向,对应于三个最基本的基础学科为流体力学、固体力学和控制论。表1.5列出不同专业的专业知识结构脉络。

表 1.5 不同专业的专业知识结构脉络

专业	研究方向	基础学科	主要课程
飞行器设计与工程	总体设计	流体力学	飞行器空气动力学、飞行器飞行力学、飞行器总体设计、飞行器动力系统、飞行器多学科设计优化
	结构设计	固体力学	工程图学、工程材料学、机械原理、机械设计基础、互换性与测量技术、材料力学、结构力学、复合材料力学、飞行器结构设计、有限元、结构动力学基础
	系统设计	控制论	流体力学、控制系统工程、电工与电子技术、飞行器系统设计、传感器与测量技术、可靠性工程
飞行器制造工程	零件制造	机械工程	理论力学、材料力学、工程图学、工程材料学、机械原理、机械设计、机械制造工艺学、高温材料及成形技术、钣金特种成形技术、先进热成形技术、金属基复合材料及其成形技术、复合材料超声加工技术、热塑性树脂基复合材料成型、微波固化技术及应用
	装配制造	机械工程	航空智能装备设计、飞机装配协调与容差分配、航空先进连接技术
	数字化与智能化制造	信息科学控制论	计算机、信息化、网络相关课程,电工与电子技术基础、控制系统工程等
	维护维修	测试技术	互换性与技术测量、复合材料无损检测技术、力学测试及误差分析等
飞行器动力工程	总体性能和部件气动热力学设计	热力学流体力学	工程热力学、流体力学、航空发动机原理、叶轮机原理与设计、燃烧室原理、航空发动机总体设计
	结构与强度设计	固体力学	工程图学、工程材料学、理论力学、材料力学、机械原理、机械设计基础、弹性力学、机械振动、有限元、航空发动机结构分析与设计、航空发动机强度
	控制与其他子系统设计	控制论	自动控制原理、电工与电子技术、航空发动机控制原理
飞行器环境与生命保障工程	飞行器环境保障	热流体科学控制论	流体力学、传热学、工程热力学、控制系统工程、飞行器环境控制、制冷附件、空调用制冷技术、飞机座舱参数控制
	飞行器生命保障	力学(流体力学,固体力学)	流体力学、传热学、工程热力学、控制系统工程、机械设计基础、防护救生技术、飞行器环境控制、制冷附件

1.5 专业发展前景

航空航天技术一直是国际竞争的焦点,对于国家安全、国民经济和科技创新具有十分重大的意义。

航空航天产品是国防装备的关键产品之一,对于一个大国没有独立自主的航空航天工业是不可想象的。进入 21 世纪后,国际竞争越来越激烈,中国作为一个大国将大力加强航空航天工业,需要大量的航空航天科技人才。

近年来,在世界范围内兴起了新技术革命的浪潮和产业革命,航空航天产品既是高科技产品,也是军民两用产品,航空航天产品是装备制造业的皇冠,是国家竞争力的一个重要方面。航空航天工业作为国民经济的重要组成部分,其重要性日益突出,为航空航天类专业的发展提供了广阔的前景。

伴随其他学科的发展,航空航天科技呈现了飞速发展和蓬勃发展的景象。国家对航空航天领域的投入越来越大,航空航天业将产出大量高新技术,需要培养大批创新性拔尖人才。

1.6　本课程的目的

本课程旨在通过对航空航天类专业的性质、学习内容和方法及未来就业前景和领域的介绍,使学生了解本专业的发展历史、内涵、地位及其在国民经济和国防建设中的重要作用,知晓本专业的基本知识结构以及主要课程的安排,了解航空航天领域对人才需求的基本特征和要求,知道本校的专业特色,从而建立稳固的专业思想,结合自己的志向和兴趣进行有目的的学习,圆满完成学业。

本课程既是一门通识类课程,也是一门专业类课程。对学生来说,要完整、全面、精准地理解本课程的内容是十分困难的。编著者希望本书既能作为学生课程学习的教材,也能为学生今后的学习、研究和工作提供一点指导和参考。

第2章 飞行器设计与工程

本章简要介绍了飞行器设计与工程专业的范畴及内涵、专业的主要研究方法和手段、专业的发展趋势、南京航空航天大学在飞行器设计领域的优势和特色研究方向，同时介绍飞行器设计师应具备的专业素质和能力、专业的知识结构和培养方案。

2.1 专业范畴

2.1.1 飞行器

第1章给出了飞行器的定义，下面给出飞行器的基本分类，分类表如表2.1所示。

表 2.1 飞行器分类表

轻于空气的飞行器	气球	包括自由气球和系留气球		
	飞艇	按艇身结构还可分为硬式飞艇、软式飞艇、半硬式飞艇等		
大气飞行器（航空器） 重于空气的飞行器	有翼飞行器	定翼	飞机	有人驾驶飞机、无人驾驶飞机
			滑翔机	动力滑翔机、无动力滑翔机
		动翼	旋翼飞行器	直升机、旋翼机
			扑翼机	
		复合翼	倾转旋翼飞行器、多旋翼/螺旋桨飞行器	
	无翼飞行器	火箭	按能源可分为化学能、核能、电能、光子能动力火箭	
		导弹	弹道式	按射程可分为近程导弹、中程导弹、远程导弹、洲际导弹等
			巡航式	按作用可分为战略导弹、反舰导弹、战术对地攻击导弹、袭扰导弹等
		气垫飞行器		
		飞行平台		

续表

宇宙飞行器 （航天器）	载人航天器	主要有载人飞船、航天飞机、空间站三类	
	无人航天器	人造卫星	按运行轨道可分为顺行人造卫星、逆行人造卫星、赤道人造卫星、极地人造卫星等
		星际探测器	按探测对象可分为月球探测器、行星探测器、太阳探测器、彗星探测器、宇宙探测器等
	运载火箭	按能源可分为化学能动力火箭和核能动力火箭	

目前,随着材料科学、制造科学、电子科学、信息科学等科学技术的进步,新概念飞行器层出不穷,飞行器的种类远比表 2.1 所列要丰富,有些飞行器已经不易按传统的类别给予归类。作者认为飞行器的类别主要取决于飞行器使命任务达成所处的区域,可按照任务使命达成区域和飞行器原理给予归类命名,如:倾转旋翼飞行器的任务使命和直升机接近,起飞着陆采用了直升机模式,巡航采用飞机模式,可将它归入航空器的复合翼飞行器;潜射导弹从水下发射,经过大气层,在临近空间巡航飞行,尽管它经历了水、空气、似真空三介质,其任务使命与洲际导弹相同,所以可将它归入洲际导弹。

2.1.2 专业范畴

不同种类的飞行器设计涉及的范围变化很大,参考世界上大多数学校和学者的观点,作者认为飞行器设计与工程专业主要涉及三大部分内容:飞行器总体设计、飞行器结构设计、飞行器系统设计。

1. 飞行器总体设计

飞行器总体设计主要研究飞行器的技术要求、飞行器的总体布局与设计参数选择、飞行器的内部装载的布置、飞行器的性能与操稳特性以及新型/新概念飞行器。

(1) 飞行器的技术要求

飞行器作为一种载运工具,就必须满足人们对其使用功能与性能的要求,这些要求通过技术要求的形式来表达。飞行器的技术要求是一项重要的技术文件,通常确定了飞行器的类型和基本任务、主要性能指标、主要使用条件、机载设备等。

对于军用航空飞行器,技术要求通常称为战术技术要求,其可以由飞行器设计单位或飞行器订货单位(即使用单位)拟定;但是由于飞行器的技术要求是一组系统的且相互制约的技术指标,所以通常是由使用单位提出初步意见,再由使用单位与设计单位双方共同协商并拟订。现代军用飞行器根据国家的战略方针和将来面临的作战环境,经过分析提出战术技术要求,其制定通常遵循"需求→指标→功能→能力"这一研究思路进行。重要的现代军用航空飞行器从技术要求的制定到开始服役使用一般都需要十年以上的时间;要准确预计十年后的政治、经济、技术环境相当困难,而且一个型号的军用飞行器的全寿命费用可达数百亿元的量级,因此军用飞行器设计要求的研究和制定是一项非常重要和影响巨大的工作。军用飞行器技术要求的研究和制定一般都由专门的机构和人员来完成。

对于民用飞行器,技术要求则称为使用技术要求。民用航空飞行器主要强调安全性、经济性、舒适性和环保性,其技术要求一般是由设计单位提出初步设想,经过对潜在用户进行调研与商讨,并经过市场调查和分析讨论后制定。

对于人造卫星、导弹、航天器等飞行器的技术要求的制定相对于军用航空飞行器要简单一些,但其基本原则和过程相似。

飞行器的技术要求一旦拟定,设计单位必须保证所设计的飞行器能够达到这些技术要求,使用单位则根据这些要求来验收新飞行器。因此,技术要求是飞行器设计的基本依据。

提出和拟定飞行器的技术要求,必须了解国内外航空航天技术水平现状和发展趋势,了解国内外航空航天科学发展的新理论、新技术以及预研的成果,还必须结合国情和国力,才能使待研制的飞行器的技术要求既体现先进性,具有生命力,又不至于因要求得不合适而造成人力、物力和时间的浪费。

(2) 飞行器的总体布局与设计参数选择

飞行器和其他机器不同,其工作状态为飞行。对于高速飞行的飞行器,其外形对于飞行器的性能具有决定性影响。例如现代飞机的几何外形首先必须保证满足气动性能方面的要求,所以常把飞机的几何外形称为气动外形。只有专门的隐身飞机,其几何外形才必须同时考虑如何降低雷达散射截面(RCS)的要求。例如在飞机的构型初步确定之后,需要选择飞机的设计参数。飞机的总体设计参数很多,但最主要的参数有 3 个,即飞机的起飞重量、动力装置的海平面静推力和机翼面积。这 3 个参数确定后,就可以开展飞机各主要部件的几何参数选择和气动的优化设计工作了。

飞行器总体性能的评估是一项复杂的工作,需要采用工程经验方法、数值仿真分析、实物试验等方法来进行。早期,通常是依赖经验公式和大量的风洞试验;随着计算流体力学(CFD)的进步和计算机运算速度的提高,CFD 已成为当前飞行器设计的主要手段之一。

(3) 飞行器的内部装载的布置

飞行器的装载主要包括动力装置和燃料系统,乘员舱,电气设备,雷达及主要天线,起降装置及其他结构性装载,液压、冷气、操纵等机载设备或系统,环境控制系统和救生设备等。军用飞行器还涉及武器弹药,其中除少量外挂外,大多数需装载于飞行器内部。由于飞行器的内部空间十分狭小和有限,所以装载布置是一个比较艰巨的任务。

装载布置的基本要求是飞行器在飞行过程中因装载引起的重心变化小、装载附加的重量轻、设备之间的电磁干涉小、飞行器的维修性好等。

仍然以飞机为例,飞机内部装载的布置首先要考虑装载物所需的工作条件、技术要求与使用维护要求。例如驾驶舱的布置应保证飞行人员有良好的工作条件、操纵和控制飞机方便;机动类飞机应布置倒飞油箱以保证飞机倒飞时供油不至于中断;要合理安排发动机的设计分离面和检查、检修舱口;设备舱等应安排布置检修口盖;等等。飞机内部装载的布置还要注意避免突破飞机的气动外形,并留有足够的空间以便于合理地进行结构布置。

(4) 飞行器的性能与操稳特性

飞机是飞行器中运动最为复杂的,本节仍以飞机为例阐述。

飞机性能主要指飞机完成规定的任务所需的各种飞行运动及其边界,它一般由起飞、爬升、平飞(等速或加、减速)、下降、着陆及空间特技(如盘旋、筋斗、上升转弯、跃升、俯冲、下滑倒转)等飞行动作组成。对于民机而言,一般对空中特技等飞行则不作特殊要求,主要研究起飞、爬升、平飞(巡航、加减速)、下降、着陆和盘旋等性能。

飞机的稳定性指的是飞机自动地保持给定飞行状态的能力,而操纵性则是改变这种状态的能力,因此飞机的稳定性和操纵性在一定意义上是相互矛盾的,两者必须很好地匹配。

飞机的性能分析是飞机方案论证和初步设计阶段的主要内容之一。

在设计初期,主要参与研究总体参数和气动参数能否满足飞机总的技术要求的论证工作。通过计算分析,确定飞机总体参数、重量数据和飞机的气动特性,并对发动机的性能进行需求分析。

在设计中期,在获得精确的飞机总体、重量、气动参数的基础上,进行全面、精确的性能计算,检查性能水平是否满足设计要求,并校核发动机特性数据是否满足飞机的要求。

在设计后期,根据校核风洞试验得出的全机气动特性,进行全面的性能校核计算,检查性能指标是否满足设计、规范(或适航)要求;计算飞机投入使用所需的性能数据,为编写飞行手册、使用手册、训练手册等技术资料提供依据,为编写试飞要求、试飞大纲提供技术支持等。

在试飞阶段,对试飞结果与原设计值进行分析比较,进行设计数据符合性分析,得出经试飞验证的飞机气动特性数据和发动机特性数据。另外,配合试飞,进行故障分析,为试飞提供所需的性能数据也是性能分析的工作内容之一。

飞机的飞行性能和操纵性、稳定性是一套相互联系和制约的数据,设计师们需依据技术要求权衡和协调各个性能指标,本质上这是一个寻优过程。

(5) 新型/新概念飞行器

新型飞行器指的是新型号飞行器,这类飞行器在其他地方可能已经存在,但是对于本设计单位或组织是首次,因此对飞行器设计师而言,面临的是一种新的设计任务。

新概念飞行器则是指之前还没有出现过的飞行器,与传统飞行器相比其设计思路、气动布局或/和飞行原理都有显著不同。因为这类飞行器没有出现过,所以没有可借鉴的经验。新概念飞行器的主要特征是创新性,但其原理上是可行的,且在近期或不久的将来是可以研制成功的。

新型/新概念飞行器的出现主要基于需求发展和技术推动。人类始终在追求更好的飞行器,使其在飞行性能、使用性能、经济性能、安全性能等的某一个或某几个方面超过以往的飞行器,以解决人们关注的某些主题。而先进技术的迅猛发展为人类实现多年的梦想提供了技术保障,航空航天技术与其他技术的融合,将对未来飞行器的发展产生重大影响。

2. 飞行器结构设计

飞行器结构设计主要研究飞行器结构型式、飞行器结构设计理论、飞行器新型结构、飞行器结构设计技术。

飞行器结构的基本设计要求是在满足强度、刚度和寿命的要求下,结构尽可能地轻。因为在同样的性能指标下,飞机结构重量减轻 1% 可使飞机的总重量降低 3%~5%,油耗可减少 3%~4%。对于飞船、空间站这类飞行器,每减轻 1 kg 重量所增加的经济效益高达数万美元。因此结构减重对飞行器设计具有十分重要的意义,"为减轻每一克重量而奋斗"是飞行器设计的基本理念。

(1) 飞行器的结构型式

除个别类型外,绝大多数飞行器结构为薄壁结构,薄壁结构是一种由较薄的板件和加筋构件组成的结构。图 2.1 给出了几种典型的飞行器薄壁结构例子。

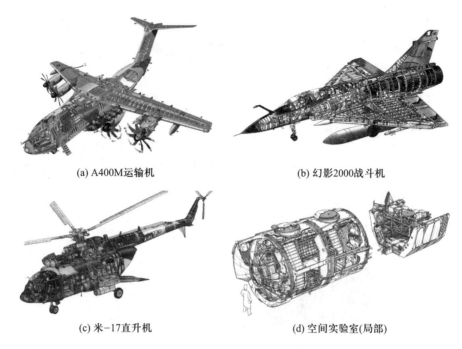

(a) A400M运输机   (b) 幻影2000战斗机

(c) 米-17直升机   (d) 空间实验室(局部)

图 2.1 飞行器薄壁结构的例子

飞行器薄壁结构按其几何特征可分为两大类,即扁平升力体和装载筒体。扁平升力体如航空飞行器的机翼、尾翼、舵面、控制面、桨叶和导弹的弹翼等;装载筒体如飞机的机身、巡航导弹的弹体、火箭箭体、空间站等。

飞行器结构型式的确定是飞行器结构方案设计的关键内容。在确定飞行器结构型式时,除了要充分考虑结构的力学特性外,还要考虑材料、工艺、经济性、环境适应性等众多因素,同时要关注科技发展的进程,及时适当地采用新材料和新工艺。

(2) 飞行器结构设计理论

飞行器以薄壁结构为主。薄壁结构具有重量轻、承载能力强的特点,但是其传载方式复杂,破坏模式众多。如何设计飞行器结构使其性能最佳是结构设计面临的主要任务。为了实现最佳设计,必须研究飞行器结构的性能评估理论与方法,这些是本专业本科阶段学习的主要内容之一。

飞行器结构设计理论包括结构优化设计(包括结构综合设计理论、结构一体化设计理论等)、结构抗疲劳设计、结构防断裂设计、结构可靠性设计等。

(3) 飞行器新型结构

随着材料技术和制造技术的进步,随着设计思想和技术的演变,飞行器的新型结构不断出现,它们大多是传统结构与其他学科技术结合的产物,如复合结构、功能结构、梯度结构、仿生结构等。这些结构的一个共同点是在同样的结构重量下可以实现更多的功能或具有更好的性能,换言之就是实现同样的功能或性能所需的结构重量更轻。

复合结构是指由两种及两种以上材料组合而成的结构,如复合材料结构、夹芯结构、点阵结构、Glare 结构等,见图 2.2。

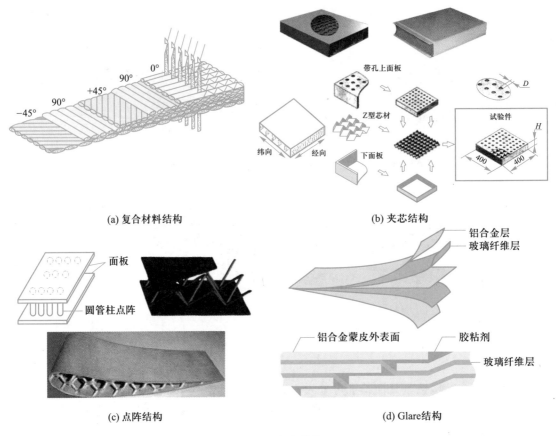

(a) 复合材料结构　　　　　　　　　　　　(b) 夹芯结构

(c) 点阵结构　　　　　　　　　　　　(d) Glare 结构

图 2.2　复合结构

　　功能结构包括智能结构、变体结构等。飞行器主结构的基本功能是承力传载,次结构的基本功能是维形、分隔、支撑等。在飞行器结构原有功能的基础上附加其他功能是飞行器结构减重设计的途径之一,也是提高飞行器结构综合性能的主要措施之一。飞行器主结构可附加的其他功能有结构健康监测与控制、变形控制、动响应控制、防冰/除冰、减阻增升、RCS 消减、雷电防护等;飞行器次结构可附加的其他功能有吸声/隔声、隔热、电磁屏蔽等。将飞行器结构的基本功能和附加功能合二为一的结构被称为功能结构。

　　梯度结构是指材料的物理性能和力学性能随着空间位置连续变化的结构,实现梯度结构的基础是梯度材料。梯度材料是指用两种或两种以上性能不同的材料,通过连续地改变其组成和结构,使界面消失而导致材料的性能随着材料的组成和结构的变化而连续变化的材料。虽然梯度材料和复合材料都是由两种或两种以上的材料组成,但梯度材料的性能是随空间连续变化的,且不同材料组份之间没有界面,因此梯度材料与复合材料有本质的区别。

　　仿生结构指的是模仿自然界中生物“优良设计”的各种特点或特性而开发的新型结构。仿生结构在航空器结构中有诸多的应用。如蜂窝结构材料实现了重量、强度和刚度的最佳平衡,由此构造的蜂窝夹层结构强度大、重量轻、隔音和隔热性能好,已广泛应用于飞行器结构。

(4) 飞行器结构设计技术

飞行器结构的设计理论主要是从设计思想、设计原理和设计方法等方面研究飞行器结构设计问题,而飞行器结构的设计技术则主要是从设计手段、设计工具、技术途径等方面研究飞行器结构设计问题。飞行器结构设计的理论和技术的目标都是为了快速地设计出最佳的飞行器结构。飞行器结构的先进设计技术主要包括计算机辅助设计与分析(CAD/CAE)、飞行器结构设计的知识工程(KBE)两个方面。

计算机辅助设计与分析(CAD/CAE)目前已经在飞行器结构设计中普遍采用,并不断深入、系统化和智能化。

CAD(computer aided design)即利用计算机及其图形设备帮助设计人员进行设计工作。在设计中通常要用计算机对不同方案进行大量的计算、分析和比较,以决定最优方案;各种设计信息,不论是数字的、文字的或图形的,都能存放在计算机的存储器中,并能快速地检索;设计人员通常由草图开始设计,将草图变为工作图的繁重工作可以交给计算机完成;由计算机自动产生的设计结果,可以快速做出图形,使设计人员及时对设计做出判断和修改;利用计算机可以进行与图形的编辑、放大、缩小、平移和旋转等有关的图形数据加工工作,并可展现新开发商品的外形、结构、色彩、质感等特色;由计算机系统按照权限可以实时协调不同设计员的设计工作。目前,飞行器结构设计已全面进入三维设计阶段,且 CAD 系统已开始进入设计者的专业知识中更"智能"的部分。CAE(computer aided engineering)是用计算机进行辅助求解飞行器结构强度、刚度、屈曲稳定性、动力响应、热传导、三维多体接触、弹塑性等力学性能,开展结构的动力学和机构的运动学分析,进行结构的优化设计等工作。应用 CAE 能有效地对飞行器结构进行仿真检测,确定结构的相关参数,可极大地加快飞行器结构设计的速度,并帮助结构设计师提高结构设计的质量。

知识工程(knowledge based engineering, KBE)是一门以知识为研究对象的新兴学科。KBE 是一个计算机专家系统,是对领域专家知识的继承、集成、创新和管理,利用人工智能和 CAD/CAE 技术的结合,建立表示和处理知识的模型,并通过知识的驱动和繁衍,对工程问题和任务提供最佳解决方案的计算机集成处理结果。飞行器结构设计的 KBE 是一种适应现代结构数字化设计的深层次发展需求而产生的新型智能设计方法和设计决策自动化的重要工具。KBE 是由多种技术相互交叉、渗透与集成而形成的一种新型技术。以三维 CAD 系统、仿真系统、产品数据管理系统为底层,将知识表示、建模、挖掘、繁衍、推理、集成、管理等工具集应用于工程设计开发的各阶段和各方面,旨在提高工程设计的效率和精确度,从而提高结构设计的质量并加快设计速度。

3. 飞行器系统设计

飞行器系统亦称飞行器机载系统,主要包括两大类别,一类是用于保障飞行器平台正常运转的,主要包括液压系统、燃油系统、操纵系统、电气系统、冷气系统、防冰/除冰系统等,另一类是用于保障飞行器驾乘人员安全和工作环境的,主要包括环控系统、安全救生系统、生命保障系统等。前一类中的大部分内容属于本专业的系统设计方向研究的对象,后一类则属于人机与环境工程专业研究的内容。由于专业基础知识结构等原因,前一类中的防冰/除冰系统内容划归人机与环境工程专业,电气系统内容划归电气工程专业。除此之外,还有一些其他的机载系统,如通信系统、导航系统、火控系统、电子战系统等,它们都有相应的独立专业或专业方向。

本专业系统设计方向主要研究飞行器的操纵、液压、燃油等系统的设计理论与方法、飞行器系统的性能分析(不同系统的特殊性能、寿命、可靠性、维修性等),同时进行新概念或新型飞行器机载系统的研究。

(1) 飞行器的操纵系统

飞行器的操纵系统是飞行控制系统的实体部分,是传递"操"和执行"纵"指令、驱动操纵面或其他有关装置、实现对飞行器各种飞行姿态控制的系统。操纵系统的工作性能直接影响飞行性能的发挥与飞行安全。图 2.3 为飞机最简单的操纵系统示意图。

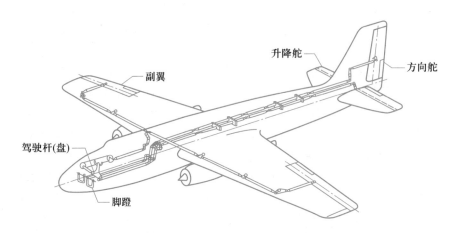

图 2.3 飞机最简单的操纵系统示意图

操纵系统设计时,不仅要考虑操纵系统所驱动的舵面的特性(主要包括铰链力矩、惯性、重量、刚度等),而且要考虑飞行器本身的气动特性、惯性和动态特性;对于有人驾驶飞行器,还必须考虑到"人"的因素,能够为驾驶员提供正常的操纵条件。同时,操纵系统的工作必须十分安全、可靠。

有人驾驶飞行器的飞行控制系统分为人工飞行操纵(控制)系统和自动飞行控制系统两大类。

有人驾驶飞行器的人工操纵系统又分为机械飞行操纵系统(或简称为操纵系统)和电传飞行控制系统(或简称为电传操纵系统)。操纵系统还包括稳定与控制增强系统(简称为增稳系统)、性能限制、飞行器变几何形状控制等。

传统的飞行器操纵系统是简单机械式的,即驾驶员操纵中央操纵机构(驾驶杆或驾驶盘、脚蹬),通过机械传动机构来驱动控制面。驾驶员通过机械式操纵系统的杆力和杆位移直接感受操纵面气动力的变化和飞行器的运动。这种简单的机械式操纵系统的基本形式一直沿用到现代的许多飞行器操纵系统中。随着飞行器飞行速度的增大和飞行器尺寸与重量的不断增加,依靠驾驶员的体力已很难操纵飞行器了,因此在操纵系统中设置了液压助力器,这样的操纵系统称为助力式操纵系统。

随着飞行控制技术、计算机技术、电子技术和余度技术的迅速发展,诞生了电传操纵系统,解决了复杂机械操纵系统中存在的摩擦、间隙和弹性变形等使精微操纵信号难以准确传递的问题。电传操纵系统由飞行员操纵电门,通过导线传送操纵指令,由操纵控制盒处理送来的电信号,控制操纵作动筒驱动操纵面。电传操纵仅通过导线传递信息,避免了机械传动零件在飞机上协调安装及占用大量空间的麻烦,减轻了重量,因此在现代飞行器上已普遍采用。

自动控制系统包括自动驾驶、自动油门控制、结构模态控制等,其产生和传输自动控制指令,通过自动或半自动航迹控制辅助驾驶功能,或自动控制对扰动的响应。在机械式操纵系统的飞行器上,自动控制系统与机械操纵系统是通过伺服作动器、驾驶杆和配平机构交联的,而其硬件和软件一般是独立的。

(2) 飞行器液压系统

液压系统是以液体(液压油)作为工作介质,以静压力和流量作为特性参数,来实现能量的转换、传递、分配和控制的系统。

液压系统主要在现代航空飞行器(尤其是飞机)上使用,在其他种类的飞行器上使用较少。液压系统是现代中、大型飞机不可缺少的功能系统。飞机的飞行操纵系统以及起落架的收放、机轮的刹车与转弯、发动机进气道与喷口的调节、舰载机机翼折叠和着陆钩的收放等系统几乎都采用液压控制系统。

根据液压系统的设计、安装要求规定,液压系统及其附件应设计成能在飞机结构允许的所有条件下正常工作。对于不同类型的飞机,因其技术要求不同,所以对液压系统的功能要求也不尽相同,要根据型号特点设计相应的液压系统,并对余度技术、安全性及可靠性、维修性、生存力、经济性等进行综合考虑。为了提高液压系统的工作可靠性和生存力,现代飞机一般设置两套或三套完全独立的液压系统,大型客机甚至设置四套完全独立的液压系统。

(3) 飞行器的燃油系统

飞行器燃油系统的主要功用是贮存飞行器上所需的燃油,并保证在飞行器一切可能的飞行姿态和工作条件下,按照要求的压力和流量连续可靠地向发动机供油。燃油系统的功能包括加油、储油、供油、放油、通气与增压以及测量显示等,此外燃油还可以用来冷却其他设备和平衡飞行器重心等,图 2.4 为某民用客机燃油系统原理图。

对燃油系统的一般设计要求是工作可靠、寿命长、安全、重量轻、结构简单、维护方便、控制精确和生产工艺性好。

2.1.3 本专业在南京航空航天大学的历史沿革

南京航空航天大学自建校起,就设置了飞机工程专业。后根据专业建设及国家对航空人才的需要,在飞机工程专业的基础上,分别建立了飞机设计系(一系)、航空发动机系(二系)和飞机制造系(五系)。

1970 年,根据国家需要,直升机设计专业由西北工业大学迁入我校。

目前的飞行器设计与工程专业是南京航空航天大学飞机设计、直升机设计、空气动力学、飞行力学、强度计算、结构测试等专业的延续和融合,如表 2.2 所示。

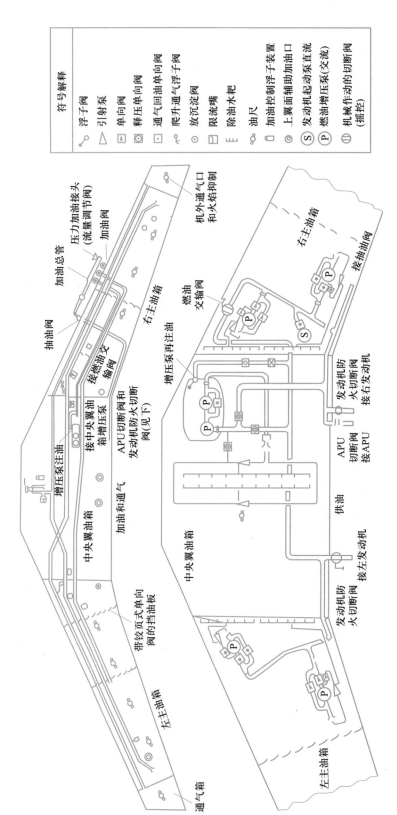

图 2.4 某民用客机燃油系统原理图

表 2.2　本专业在南京航空航天大学的历史沿革

年份	所在院系	专业名称(变迁)
1952	飞机制造专科	飞机设计
1957	飞机系(3 系)	飞机设计
1960	飞机系(3 系)	飞机设计与制造 强度计算专门化 空气动力学专门化 飞行力学及飞行稳定
1962	飞机系(3 系)	飞机设计与制造 空气动力学
1970	飞机系(1 系)	直升机设计专业由西北工业大学迁入
1987	飞机系(1 系)	飞机设计 直升机设计 结构强度
	空气动力学系(6 系)	空气动力学
	测试工程系(14 系)	航空结构测试
1993	飞机系(1 系) 空气动力学系(6 系)	航空飞行器设计
	测试工程系(14 系)	航空结构测试
1998	飞机系(1 系) 空气动力学系(6 系)	飞行器设计与工程
	测试工程系(14 系)	航空结构测试
2000	航空宇航学院(1 院)	飞行器设计与工程
2014	航空宇航学院(1 院) 航天学院(13 院)	飞行器设计与工程
2020	航空学院(1 院)	飞行器设计与工程

　　本专业是南京航空航天大学设立最早的专业之一,既有深厚的积淀又充满活力。本专业创建于 1952 年,飞行器设计专业学科于 1981 年首批获得博士、硕士学位授予权,1988 年设立博士后流动站,是首个教育部批准的飞行器设计国家重点学科(1988 年)。最近几年,本专业先后被评为国家一流本科专业、国家特色专业、江苏省品牌专业、国防特色专业,本专业的"直升机设计"是在我国唯一设置的直升机设计专业基础上建立的飞行器设计学科专业方向。本专业学科建有"直升机旋翼动力学"国家级国防重点科技实验室、"飞行器先进设计技术"国防重点学科实验室,建有国家级"航空工程"实验教学示范中心。

　　进入 21 世纪后,南京航空航天大学的飞行器设计与工程专业针对世界航空航天科学与技术的发展,响应国家创新发展的理念和航空航天工业发展的需求,围绕"宽口径""先进性""综合系统性""创新能力""工程实践能力"制定了本科培养方案,确定了飞行器设计师应具备的主要能力和素质。

2.2 教学安排

飞行器设计与工程专业本科阶段的主要学习任务是知晓飞行器设计基本过程,掌握飞行器设计的基本知识,了解飞行器相关的专业知识。

2.2.1 飞行器发展趋势

飞行器的能力包括了基础能力和其他能力两个方面。基础能力可用机动能力和持续能力二维坐标加以描述,其他能力主要包括雷达、隐身、机载武器、信息化、智能化等方面,本专业重点研究飞行器的基础能力,并关注其他能力。

我国的飞行器,无论是飞机、直升机等航空飞行器,还是人造卫星、运载火箭等航天飞行器,基本上都经历仿制、原准机设计、有参考对象的自主设计、完全自主设计等过程,并将走向创新性自主设计。不同时期对于飞行器设计人员的能力和素质提出了不同的要求,当前乃至今后相当长一段时间内,对于飞行器设计人员的创新能力、综合能力、工程能力等基础能力和全局观念、协作精神、超越意识等基本素质有着明确的要求。飞行器设计人才培养与飞行器发展的关联如图 2.5 所示。

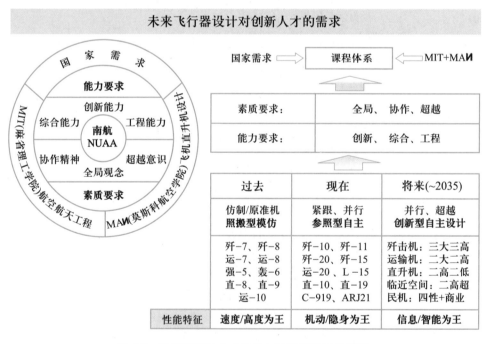

图 2.5 飞行器设计人才培养与飞行器发展的关联

2.2.2 能力要求

飞行器设计与工程专业的目标是培养适应航空航天高科技发展需要,基础理论扎实,专业知识系统,国际视野开阔,创新能力和工程实践能力突出,德、智、体全面发展,从事航空航天事业的建设者和开拓者。

当下是一个知识爆炸的年代,现代科学技术呈现指数式的增长,同时新旧知识的更替速度越来越快。飞行器是一个高科技产品,大量的新技术首先在飞行器上得到应用。因此飞行器设计人员时刻面临着新技术的挑战,只有不断地自我学习和自我完善才能跟上时代的步伐,才有可能成为新技术的运用者。学校的培养是短暂的,从事飞行器研发的工程师必须在学习研究与工作实践中完善自己,培养自己的学习坚韧性、思维逻辑性和工作条理性。

作为一名未来的飞行器设计师,在校期间应着重锻炼并具备创新能力、综合能力和工程能力这三项基本能力。

1. 创新能力

航空航天是国家高新产业,创新发展是航空航天业的主旋律,创新设计是飞行器设计永恒的主题,因此创新能力是飞行器设计与工程专业学生应具备的最重要的一种基本能力。

创新能力是指人在认识与实践过程中表现出来的、产生新成果的思维与行为的能力。从创新过程的角度看,创新能力反映了一个人分析和解决问题的能力;从心理学的角度看,创新能力反映了存在于其创造性人格之中的一种综合能力;从创新成果的角度看,创新能力产生的成果具有新颖性和社会经济价值。

创新能力有三个基本要素,即基础能力、思维能力和行为能力。

基础能力是目前大学本科教育的重点。本专业根据培养目标,设置了系统的理论课程体系,学生通过学习,便可具备基本的、且比较系统的专业知识体系,能够完成一架初级飞行器的设计。

创新思维是一种可以培养和训练的特质,主要包括创新意识和探索精神。本专业主要通过专门训练环节和课程教学中潜移默化的影响,引导学生独立思考,并充分利用已有知识进行创新设计,激发创新设计的潜力与悟性。

将一个创新性思想变为现实需要实践和技法。本专业特别注重实践教学和创新技法的训练与培养,建立了大学生飞行器创新设计实验室,配备专业指导教师,为创新能力的培养提供了必要的物质条件。

2. 综合能力

飞行器是一个综合体,包括了结构、动力、机电、系统等多个组成部分,设计理论和方法又涉及流体、固体、动力、系统、控制、信息、电子等众多学科,要使一个飞行器达到相对最佳,必须全面综合地平衡各个设计要素。

综合能力是指将不同的知识融会贯通和综合运用,平衡协调地解决理论和工程实际问题的能力。本专业的培养计划十分注重飞行器设计所需的各知识点的完备与衔接,开设了不同类型和规模的综合性练习与实验,建立了"总师制"的毕业设计模式,以培养学生系统、全面地看待、分析和解决问题的能力。

3. 工程能力

飞行器设计是一个创造性的过程,同时也是一个工程设计过程。工程设计往往不像理论问题那样单纯,需要考虑各种各样的因素,一般很难找到一个现成的理论便可彻底解决某个设计问题。另外,工程设计中伴随着大量的分析、计算和试验,分析和计算模型通常需要做一些简化,试验条件和环境一般也要进行工程等效处理。因此,可以说一个优秀的飞行器设计师也是一个处理工程问题的高手。

工程能力是指从本质上掌握工程问题与理论问题的区别和联系,并正确运用理论来有效地解决工程问题的能力。尽管个人的工程能力与其成长环境和先天特质有关,但任何人的工程能力都可以通过培养而得到提高。本专业通过理论课程中飞行器设计的理论与实际问题相结合以及工程实习、现场课、研究性试验等环节培养学生的工程能力。

2.2.3 素质要求

能力主要以知识作为基础,而素质以人的生理和心理实际为基础。要成为一名合格的飞行器设计师,除了具备扎实的知识和突出的能力外,还必须具有良好的素质。一名优秀的飞行器设计师应具备协作精神、全局观念、超越意识等素质。

1. 协作精神

如前所述,飞行器的研发是一项复杂的系统工程,需要协调各种各样的矛盾,需要梳理错综复杂的关系,所以设计也是一种“权衡”;同时,飞行器设计又是一项庞大的工程,需要多部门的协同工作。因此,只有能够听取并正确汲取他人的合理意见才能成为合格的飞行器设计师。

任何一个飞行器的设计都是由一个专业团队共同完成的,对于一个大型飞行器,如大型民用飞机,其分系统和子系统也都会由相应的专业团队来完成,因此每个飞行器设计师都是某个专业团队的一员,团队协作精神对于个人成长和设计任务的完成十分重要。

本专业十分关注学生协作精神的培养,通过团队毕业设计、分组课程设计、小组申报大学生创新项目和社会实践项目以及各种分组课程实验和试验等方式培养大家发挥各自优势,协作完成共同任务的协作精神。

2. 全局观念

每一位飞行器设计师都是某个方面的专家,但不能囿于其知识背景和工作经历而轻视其他方面的意见。通常,各设计人员都会认为自己的工作重要,这无可非议;但从全局的观点看,每位设计人员的工作又都是整个飞行器设计的一个组成部分。因此从完整性的角度来看,每一个部分的设计都同样重要,只是不同部分的设计难度不同而已。

顾全大局有时意味着某些自我牺牲。例如,因为飞行器整体性能的要求,需要你舍去自己专业方向或子系统的某些性能;因为飞行器设计整体进度的要求,需要你放弃休息而加班加点工作;因为飞行器是团队共同工作的产物,需要你放弃某些荣誉和待遇。顾全大局不是一句套话和空话,而与每个设计师的专业工作、业余时间、荣誉待遇等紧密相关,每位优秀的飞行器设计师都能顾全大局。

如果仅从飞行器设计的技术角度看,飞行器本身是一个各子系统相互矛盾的复杂系统,飞机各主要专业自身的单一目标如图 2.6 所示。没有全局观念是当不了总设计师的,甚至连分系统主管设计师都当不好。

本专业十分重视学生全局观的培养,在教学计划、实践实训、成绩评定等方面都考虑了对学生全局观念的培养。

3. 超越意识

超越意识主要反映在下述两个方面:一是眼界高远,航空航天技术一直是国际竞争的焦

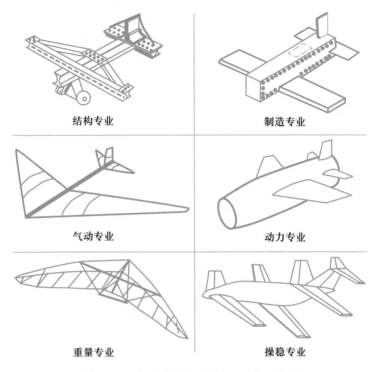

结构专业　　　　　　　　制造专业

气动专业　　　　　　　　动力专业

重量专业　　　　　　　　操稳专业

图 2.6　飞机各主要专业的自身的单一目标

点,近年来,在世界范围内兴起了新技术革命浪潮和全球性的经济、军事、政治竞争,高新技术在航空航天业中广泛应用并呈现出多种技术综合化的特点,一个优秀的飞行器设计师应具有国际视野,从国家的安全利益和经济利益出发,进行飞行器的研发;二是科技发展的预判,一款重要飞行器的研发需要数年,其服役使用将持续数十年,飞行器研发需要把握好科技发展的规律,使研发的飞行器具有持久的良好性能和使用价值。

2.2.4　课程体系

从本科专业学习的角度,飞行器设计与工程专业的主要学习任务如下:

- 掌握飞行器工作的基本原理;
- 知晓飞行器设计的详细过程;
- 能够独立完成一架简单小型飞行器的设计;
- 具备从事飞行器设计研究的基本知识和能力;
- 了解飞行器设计理论和技术的发展趋势;
- 了解飞行器的全寿命周期及相关常识。

1. 专业课程

根据飞行器设计职业对人才的知识、能力和素质的要求,拟定本专业学生在校期间应获得的知识结构(也即必备的知识点系列),再根据知识点的相互关系,由 1 个或数个知识点构成 1 门课程(广义的课程包括课堂授课、实验/试验、实习、自学、设计环节等),进而形成课程体系。

课程体系是将不同课程按照门类顺序排列,它是教学内容和进程的总和,是培养目标的具体化和依托,它规定了培养目标实施的规划方案。

依据"重基础、宽口径,突出工程和创新,强调课程综合化、产学研一体化和国际化,注意设计、制造、新材料和工程技术的融合"之原则,设计了本专业的知识构架。学生根据人才培养方案,通过课程学习和实践环节,掌握必备的知识和能力,为今后的工作打下基础。从知识的循序渐进累积的角度来看,本专业的专业教学过程见表 2.3。

表 2.3　飞行器设计与工程专业教学过程

类别	课程名称	课程类别
认知	航空航天概论、专业导论、下厂实习	专业认知
基础	大学英语、高等数学、大学物理、普通化学、线性代数、计算方法、最优化方法、复变函数、数理方程、概率论与数理统计、数据结构、C++ 语言程序设计	工科基础
	工程图学、机械原理、机械设计、互换性与技术测量	机械类基础
	理论力学、材料力学、流体力学、工程热力学、弹性力学、有限元素法、工程材料学、电工与电子技术、控制系统工程	设计类基础
专业	结构力学、飞行器空气动力学、飞行器飞行力学、结构动力学、复合材料力学、传感器与测量技术、飞行器动力系统	专业理论
	飞机制造工艺、结构试验技术	专业技术
设计	飞行器总体设计、飞行器结构设计、飞行器系统设计、飞行器先进设计技术、飞行器设计中的创造学	飞行器设计
综合设计	工程设计软件、工程设计方法、飞行器创新设计	导师指导下自学知识
	飞行器设计综合课程设计、毕业设计	专业综合训练

2. 专业内容与课程安排

通常一门专业课程包含了多个专业知识点,并且某些专业知识点会在多门课程中从不同的角度加以阐述。如飞行器总体设计课程包含了系统工程、飞行器的升力、飞行器的阻力、飞行器的动力、系统优化设计等多个知识点,而知识点"飞行器的升力"同时又是空气动力学和飞行器总体设计这两门课程的重点内容,前者从产生升力的原理和升力计算理论角度阐述,而后者从设计的角度阐述如何设计出高升力飞行器,同时该知识点在航空航天概论、飞行器先进设计技术、创造学等多门课程中有所涉及。又如飞行器结构设计课程包含了结构设计思想、结构载荷、设计原理、结构型式、结构布置、薄壁结构、传力分析、起落架、气动弹性等多个知识点,而知识点"结构载荷"同时又是空气动力学、飞行力学和飞行器结构设计这三门课程的重点内容之一,分别从产生升力的原理、质点运动、飞行包线等角度加以阐述,同时该知识点在理论力学、结构振动、复合材料力学等多门课程中都有所涉及。

(1) 飞行器总体设计

本科阶段与飞机总体设计相关的专业核心知识点有:系统工程、飞行器的升力、飞行器的阻力、飞行器的动力、6 自由度质点运动学、6 自由度质点动力学、系统优化设计等。而每个核心知识点包含了若干个知识要素,如系统工程知识点由系统、系统工程、全寿命周期、系统分析方法、决策分析、系统评价方法、工程网络图、动态规划等知识要素构成,又如飞行器的升力由流体运动基本方程、可压缩与不可压缩流体、无黏性与黏性流体、翼型、压力分布、升力与俯仰力矩等知识要素构成。表 2.4 给出了航空飞行器总体设计研究方向的研究内容、核心和主要专业知识点以及主要课程之间的关系。

表 2.4 航空飞行器总体设计研究方向研究内容、核心和主要专业知识点以及主要课程之间的关系

研究内容	核心和主要专业知识点	主要课程	
飞行器的技术要求	系统工程、航空工程、技术发展趋势、经济性评估	航空航天概论 飞行器总体设计 飞行器先进设计技术 飞行器动力系统 现代航空工程	空间飞行器设计
飞行器的总体布局与设计参数选择	系统工程、飞行器的升力、飞行器的阻力、飞行器的动力、6 自由度质点运动学、6 自由度质点动力学、系统优化设计、经济性评估、知识工程、飞行器的历史		流体力学 飞行器空气动力学 飞行器飞行力学 空间飞行器设计
飞行器的内部装载的布置	重量重心、维修性、经济性		
飞行器的性能与操稳特性	飞行器的动力、6 自由度质点运动学、6 自由度质点动力学、系统优化设计		飞行器空气动力学 飞行器飞行力学
新型/新概念飞行器	飞行器的历史、系统工程、系统优化设计、技术发展趋势		飞行器设计中的创造学

(2) 飞行器结构设计

本科阶段与飞行器结构设计相关的专业核心知识点有:飞行器结构材料、工程图学、机械设计、材料力学、结构力学、结构设计、先进设计理论、先进设计技术等。每个核心知识点又包含若干知识要素,例如飞行器结构材料由高强度钢、有色金属、复合材料、材料物理性能、材料力学性能等要素构成,材料力学由应力、应变、变形、强度理论、稳定性、静定与静不定结构、能量法等要素构成,飞行器结构设计由结构设计思想、结构外载荷、结构设计基本原理、结构型式、结构布置、传力分析等要素构成,结构设计理论由结构优化、结构疲劳、结构断裂、结构可靠性等要素构成。表 2.5 给出了飞行器结构设计研究方向的研究内容、核心和主要专业知识点以及主要课程之间的关系。

(3) 飞行器系统设计

本科阶段与飞行器系统设计相关的专业核心知识点有:液体特性、控制系统建模、反馈控制、系统性能、系统设计、机构、系统动力学、质点运动学、质点动力学、结构振动特性等。每个核心知识点包含了若干个知识要素,如流体特性知识点由惯性、黏性、压缩性、膨胀性、表面张力等知识要素构成,又如反馈控制由反馈控制系统组成、闭环控制、开环控制、系统稳定性、稳定性判据等知识要素构成。表 2.6 给出了飞行器系统设计研究方向的研究内容、核心和主要专业知识点以及主要课程之间的关系。

表 2.5　飞行器结构设计研究方向研究内容、核心和主要专业知识点以及主要课程之间的关系

研究内容	核心和主要专业知识点	主要课程	
结构材料	高强度钢、有色金属、复合材料、材料物理性能、材料力学性能	航空航天概论 飞行器结构设计 飞行器先进设计技术 飞行器设计中的创造学 现代航空工程	工程材料学 复合材料力学
结构制造	材料可加工性、冷加工、热加工、特种加工、表面处理、连接、装配、误差、数字化制造		工程图学 工程材料学 互换性与技术测量
结构设计	结构设计思想、结构的外载荷、结构设计基本原理、传力分析、结构的型式、结构布置、结构尺寸、结构维修性		机械原理 机械设计 飞行器零构件设计 结构优化设计
结构性能评估	结构应力和应变、结构变形、稳定性、静强度、动强度、断裂强度、热强度、疲劳寿命		弹性力学 材料力学 工程热力学 有限元素法 结构力学 复合材料力学 结构动力学 结构疲劳断裂与可靠性
新型/新概念飞行器结构	新材料、新工艺、结构优化设计、技术发展趋势		结构优化设计 3D 打印技术

表 2.6　飞行器系统设计研究方向研究内容、核心和主要专业知识点以及主要课程之间的关系

研究内容	核心和主要专业知识点	主要课程	
操纵系统	操纵系统种类、设计要求、硬式操纵系统、软式操纵系统、传动装置、系统性能分析、系统设计、动力学仿真	航空航天概论 飞行器系统设计 控制系统工程 传感器与测量技术 飞行器设计中的创造学	机械原理 机械设计 结构动力学
液压系统	设计要求、流体特性、液压元件与附件、液压泵/阀/马达、液压回路、系统性能分析、系统设计、动态特性仿真		流体力学 结构动力学
燃油系统	设计要求、燃油特性、燃油系统组成、油箱设计、主要附件与成品件、系统性能分析、系统设计		流体力学

3. 专业核心课程

按重要性可将课程分为选修课、必修课和核心课。必修课圈定了专业基本范围,是该专业学生必修完成的课程,而核心课程是专业必修课中最重要的课程,飞行器设计与工程专业的专业核心课程有 8 门,共计 22 个学分,约占专业总课时的八分之一,如表 2.7 所示。

表 2.7 飞行器设计与工程专业核心课程

序号	课程名称	理论课时	实践课时	学分数
1	流体力学	46	4	3.0
2	控制系统工程	42	9	3.0
3	飞行器空气动力学	34	10	2.5
4	飞行器飞行力学	46	4	3.0
5	飞行器结构力学	30	4	2.0
6	飞行器总体设计	40	0	2.5
7	飞行器结构设计	52	8	3.5
8	飞行器系统设计	40	0	2.5
	合计	330	39	22.0

2.3 研究方法与手段

飞行器设计和其他学科领域一样经历了从经验的定性设计到半定性半定量设计的过程，目前正在向全定量的精准设计过渡，也即从过去的依赖经验数据、粗略估算和模型试验验证向数字化设计、虚拟试验、动力学仿真和全尺寸实物验证过渡。

2.3.1 定性设计方法

定性设计方法是指依据飞行器工作原理、基本设计理论和经验开展飞行器的设计，主要用在目前尚不能用变量和参量表达的事物。目前在飞行器设计领域主要用在飞行器的设计指标、构型和布置等方面。

在飞行器的设计指标方面，主要依据同类飞行器的统计数据，同时考虑科技进步因素确定的。如飞机的展弦比、翼载荷、商载系数、结构重量系数等，这些指标通常随着设计工作的推进不断完善更新，当然这些变化一般不允许降低飞行器的技术性能指标。

在飞行器构型方面，首先依据飞行器设计原理和经验确定一个或多个初始构型，然后用"定量系统分析 + 定性综合"进行评估，有时还会进行比例模型或关键细节的试验，通过多轮迭代确定构型。如飞机的气动外形、潜射导弹水动力外形、飞行器结构构型等主要都是依据经验确定的，图 2.7 为飞机机翼结构构型的统计数据，可作为飞机机翼结构选型的参考。图中 $\bar{c}$ 为机翼相对厚度，$\bar{M}$ 为相对载荷，ξ 为参与区系数。

在飞行器布置方面，通常首先采用经验和统计数据给出 1 个或数个布置，然后进行半定量分析与多因素的权衡，有时需要多轮迭代才能完成。如梁式机翼中梁的数量、燃油系统的布置等设计问题基本上采用事前经验、事后评估的方法解决。

定性设计方法目前在飞行器设计的前期还被部分采用。该方法在飞行器的信息资料十分匮乏的情况下是比较奏效的，但是以这一方法进行飞行器设计时，通常采用的是串行工作模式，因此设计周期长且设计结果往往不是最优解，设计过程中设计师对于最终设计结果的精准

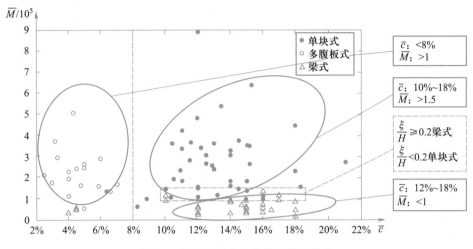

图 2.7　飞机机翼结构构型的统计数据

性把握较差。

2.3.2　飞行器一体化综合设计

在传统的飞行器设计过程中,专业流程通常是串行的,即在不同的设计阶段,设计人员应用相关的学科知识和经验,进行单一学科(或子系统)的"设计—改进"的迭代优化以获得最优解,如图2.8所示。这种设计模式实质上是将许多同时影响飞行器性能的因素人为地割裂开来,而没有充分利用各个学科(子系统)之间的相互影响可能产生的协同效应,这样就极有可能得不到飞行器的整体最优解,同时还加长了设计周期,增加了开发成本。

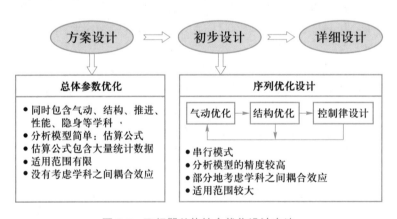

图 2.8　飞行器总体综合优化设计方法

随着科学技术的不断进步,对飞行器的设计要求越来越多,也越来越高。例如,目前对大型客机和军用飞机的设计要求往往包括了飞行性能、结构强度和刚度、操稳、低噪声、隐身、可靠性、可制造性、维修性、保障性、成本和进度等诸多方面,而且这些不同方面的设计要求通常相互影响、耦合和制约。这使得飞行器设计涉及的学科越来越多,专业分工越来越细,设计周期也越来越长,开发成本越来越高。而飞行器设计的过程,实际上就是对各种系统和技术进行权衡、折中、综合与优化的过程。所谓飞行器一体化综合设计是指在掌握丰富的航空航天专业技术的基础上，利用并行工程的设计方法和虚拟设计的技术手段，对飞行器所涉及的技术和系统进行全面的综合和优化，从而提高飞行器性能，降低研制成本，缩短研制周期。在实现手段上，飞行器一体化综合优化设计主要依靠并行工程、虚拟设计、仿真技术和综合优化技术。通过飞行器一体化综合优化设计技术，可以实现飞行器设计工作中技术的集成、系统的集成、过程的集成、人员的集成和管理信息的集成。

近年来，一个新的复杂系统设计方法——多学科设计优化（简称 MDO）首先在飞行器设计领域兴起。其主要思想是在复杂系统设计的整个过程中，集成各个学科（子系统）的知识，通过探索和利用各子系统相互作用所产生的协同效应，利用多目标策略和计算机辅助技术来设计复杂系统及其子系统，以获得整体最优解（即产品质量或性能更好）。同时通过并行的专业流程，可以有效缩短设计周期，使研制出的产品在国际市场上更具有竞争力。

现有的飞行器设计工作在组织体系上一般都按专业划分，例如飞机设计单位一般都设有总体组、气动组、结构组、动力组、性能组等，符合 MDO 的框架，所以借助于分布式的计算机网络技术，就可以建立起飞机多学科设计优化的环境，MDO 的基本思想和模型如图 2.9 所示。这种 MDO 模式是实现飞机一体化设计的一种重要技术途径，可运用 CAD、CFD、CAE 和其他计算机虚拟设计工具，采用先进的多学科设计优化算法，以全面的飞行器性能为目标，面向组成飞

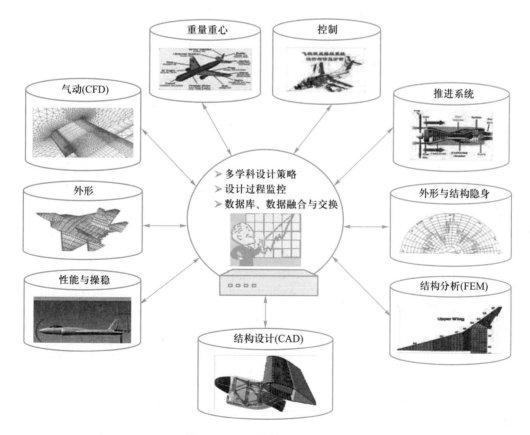

图 2.9 MDO 的基本思想和模型

行器的各子系统并行交互地进行设计,以充分发现和利用飞行器各子系统的协同效应,设计出综合性能更好的飞行器,同时也能有效地缩短研制飞行器的周期。

多学科设计的思想还可用于复杂问题的优化,例如飞行器结构的拓扑优化问题。飞行器结构所受到的载荷和服役环境是复杂的和多工况的,结构性能的要求是多方面的,结构材料可有多个选项,结构的加工方式和工艺也是多样的。面对各种各样的设计变量和多种多样的组合,结构设计实现最佳的途径是结构综合优化设计,其基本模型可写为

$$
\begin{aligned}
&\text{设计变量:} \quad X = (X_1, X_2, X_3) \\
&\text{目标函数:} \quad \min W = W(X) \\
&\text{约束条件:} \quad h_i(X) = 0 \quad i = 1, 2, \cdots, m_h \\
&\qquad\qquad\quad\ g_i(X) < 0 \quad i = 1, 2, \cdots, m_g
\end{aligned} \tag{2.1}
$$

设计变量 X 包括尺寸设计变量 X_1、形状设计变量 X_2 和布局设计变量 X_3;飞行器结构通常将结构重量 W 最小作为设计目标;约束条件分为等式约束和不等式约束两类,包括结构强度、刚度、稳定性、模态、固有频率、疲劳寿命、颤振速度等。式(2.1)是高度非线性的非显式方程,解此方程的方法大致可归纳为三类,即数学规划法、最优准则法和现代优化算法;解此方程的策略可分为串行迭代、解耦并行迭代和并行协同迭代三种模式。

2.3.3 试验

飞行器研制过程中,存在各种类型的试验,可以按照不同标准对试验进行分类。例如按照试验目的可分为设计分析理论研究试验、性能评估试验、选型对比试验、鉴定/定型试验;按照试验层次可分为元件试验、组件(部件)试验和全尺寸试验;按照试验测试性能可分为气动/水动试验、结构强度试验、系统功能试验、可靠性试验等;按照试验场合又可分为实验室标准试验、实验室模拟试验和真实环境飞行试验。下面简要介绍其中几种常用试验。

1. 气动/水动试验

尽管计算流体力学(CFD)已经能够比较准确地给出飞行器在大气层中或水面水中运动时所受到的力和力矩,但是气动/水动试验常常还是必不可少的。气动试验主要包括风洞试验、缩比模型飞行试验和飞行器试飞试验;水动试验主要包括水池试验和飞行器试飞试验。

风洞试验的主要任务是研究空气流动规律,获取飞行器与空气作用力的数据,校验飞行器 CFD 模型。对于低速飞行器,在飞行器设计中主要进行飞行器的升力、阻力和力矩特性试验,用于获取飞行器的基本性能和校正 CFD 模型;对于高速飞机,除了低速飞机的气动试验外,还要进行高速风洞试验,捕捉激波产生和发展;对于高超声速飞行器,还有进行气动力和气动热试验以及热噪声试验。对于军用飞机还有进行武器投放、空投空降、弹射救生等试验。飞行器风洞试验如图 2.10 所示。

水动试验一般采用飞行器水动力模型在水池或水槽中进行。对于水陆两栖飞机其主要任务是获取飞行器水面运动和离水时的水动力特性和水动力载荷,对于水下发射的飞行器,如潜射导弹、水下发射无人飞行器等,其主要任务是获取飞行器在水中运动和离水时的飞行器和水相互作用的机理、水动力特性和水动力载荷。

缩比模型飞行试验通常用于验证飞行器的飞行动力学性能,这种试验成本相对低廉,但获

图 2.10 飞行器风洞试验

得的飞行数据的正确性稍差,在重要型号研制中很少采用。

全尺寸试飞试验主要用于检验验收,如飞机的设计指标、使用包线等数据需要通过试飞加以验证。

2. 结构强度试验

飞行器结构材料的机械性能只有通过试验才能得到,飞行器结构的强度、刚度和寿命必须通过结构试验验证。

结构材料的设计许用值是结构设计和分析的基础。材料的许用值是通过标准试验给出的,主要包括强度、刚度、腐蚀、疲劳、断裂、裂纹扩展等力学性能。

结构静强度试验主要包括全尺寸试验和关键复杂部件试验。由于现代结构分析技术和数值分析能力的快速提升,结构静强度分析的准确度已经基本能够满足工程设计的要求,所以目前主要是针对复杂结构系统进行静强度试验,主要是为了防止因建立结构分析模型错误而引起的实际飞行器结构在飞行中发生破坏。

动强度试验主要是获取飞行器结构的固有振动频率和振动模态,以防止飞行器在使用过程中出现共振现象和某些模态的耦合。

疲劳试验占据了结构试验的大部分,由于结构疲劳机理还没有被很好地了解,所以除了进行疲劳分析外,疲劳试验在飞行器的研发试验中非常重要。疲劳试验的目的主要是暴露结构的疲劳薄弱部位,了解结构的疲劳品质,为结构的维修方案提供支撑。疲劳试验按照内容可分为疲劳载荷实测试验、疲劳裂纹形成试验(也可称为安全寿命试验或耐久性试验)、裂纹扩展试验(也可称为损伤容限试验)、功能疲劳试验。疲劳载荷的实测试验主要是为了获得飞行器的地面和空中载荷−时间历程,它是飞行器疲劳载荷谱编制的原始数据。疲劳裂纹形成试验是为了获得结构从无裂纹到工程裂纹长度的寿命,了解结构的疲劳薄弱部位。裂纹扩展试验是为了获得结构的裂纹扩展速率和扩展寿命,为结构检查周期和维修提供依据。功能疲劳试验是为了了解结构的活动部件或机构在反复运动过程中的磨损和摩擦力的变化,检验这些结构或机构在设计寿命期内能否完成预定的功能。全尺寸飞行器疲劳试验是机体结构研制中至关重要的一步,是唯一可以用来获取机体结构在基本真实的疲劳载荷工况作用下的寿命值,并可检查所有结构元件之间的相互作用是否正常的试验。飞机全机试验如图 2.11 所示。

航空飞行器的颤振试验分为模型颤振试验和飞行颤振试验。模型颤振试验采用飞行器缩比模型在风洞中进行。缩比模型应该满足空气动力学、结构动力学和几何形状等方面相似律的要求,但是这些要求通常难以全部满足,因此在模型制作时需要根据试验目的和具体情况放

(a) "海鸥300"轻型水陆两栖飞机全机静力试验　　(b) ARJ21-700飞机全机疲劳试验

图 2.11　飞机全机试验

宽某些要求。模型颤振风洞试验时,先将飞行器模型固定在风洞中,然后逐步提高气流速度,当模型的振动由衰减转变为扩散,即模型发生颤振时,此时的气流速度就是颤振临界速度。除风洞试验外,也可利用受控飞行的火箭或在轨道滑行的火箭橇进行模型颤振试验,它可以避免风洞的洞壁干扰,使模型经受的气流环境和实物相同,但这样的试验成本高,控制测量难度较大。飞行颤振试验是采用真实飞行器进行的试验,由于它能反映真实的飞行器颤振情况,所以这种试验方法受到重视。试验方法一般是逐步提高飞行速度,并记录在每一飞行速度下飞行器结构的振动响应,然后导出振动衰减率和飞行速度的关系曲线,最后利用外推法得到振动衰减率为零值时的颤振临界速度,但是这类试验的危险性较大。

　　根据适航规章要求,载人民用飞行器结构还需要通过鸟撞分析和鸟撞试验,证明在飞鸟撞击下不会产生危险,对于飞机而言,需要对风挡、机头、机翼、尾翼等结构进行抗鸟撞性能分析和试验研究。

3. 系统功能试验

　　目前系统功能试验主要是半物理仿真试验,它将被试验对象系统的一部分以物理模型的形式引入仿真回路,而其余部分则以数学模型加以描述,然后将试验对象系统转化为仿真计算模型,其框图如图 2.12 所示。复杂动态系统或实时控制系统常常采用半物理仿真试验,以提高仿真精度。

　　半物理仿真试验系统的数学模型是把那些物理规律清楚、数学模型表达比较精确可靠的部分作为被仿真对象,而影响因素多且不太容易被数学模型化的部分则直接采用物

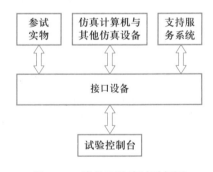

图 2.12　半物理仿真试验框图

理模型。相对于物理试验,半物理仿真试验可大大简化试验系统,大幅节省时间和费用;相对于全数值仿真试验,半物理仿真试验具有高的精度和可信度。

2.3.4　数字化设计

1. 计算机辅助设计

随着计算机硬件和设计分析软件的快速发展,飞行器计算机辅助设计(CAD/CAE)已贯穿

飞行器研发的全流程。

在计算机辅助设计方面,人可以进行创造性的思维活动,将设计方法经过综合、分析,转换成计算机可以处理的数学模型和解析这些模型的程序,可以在程序运行过程中评价设计结果和控制设计过程;计算机则可以发挥其分析计算和存储信息的能力,完成信息管理、绘图、模拟、优化和其他数值分析任务。目前飞行器设计已全部实现了数字化和无图纸设计,极大地提高了设计质量和研制进度。

2. 数值仿真

数值仿真也叫数值试验,通过数值分析软件对飞行器的性能进行分析评估。飞行器设计要经历概念设计、方案设计、详细方案设计、详细设计、试制、试验验证、飞行验证等多个阶段。随着设计阶段的不断推进,飞行器设计的输入条件就越来越详细、越来越明确。人们已开发成功了一系列飞行器性能评估、计算流体力学(CFD)、结构分析、隐身性能分析、结构使用/维护等方面的分析计算和仿真软件,使飞行器设计人员在进行某项设计或修改之后能够迅速地分析和掌握飞行器性能的变化,从而极大地提高了飞行器设计质量和效率。

数值分析和仿真为飞行器的一体化综合优化设计提供了实施途径和工具,是飞行器并行设计的关键支撑。一体化综合优化设计技术将影响飞行器结构性能的因素进行综合定量的分析和仿真,这些因素不仅包括了总体、结构和系统,还扩展到了制造、检查和维修等方面。

数值分析和仿真还可以替代或部分替代物理试验,随着数值分析和仿真的精准程度的不断提高,绝大部分传统的选型试验和性能摸底试验基本上已经被数值分析和仿真所取代,从而可以大大降低研制成本,缩短研制周期,提高飞行器的设计效率。

3. 虚拟设计

飞行器的虚拟设计以三维几何设计和性能分析软件为工具,实时地且并行地进行飞行器的参数化设计,同时对飞行器的性能及影响其性能的因素进行分析预测。飞行器的机载系统的空间布置、运动轨迹、控制规律、物理量变化等参数在飞行器的工作过程中不断变化,相比于总体设计和结构设计,采用虚拟设计更符合飞行器系统设计的特点,因此目前已得到越来越多的采用。

在飞行器型号设计过程中,通常要先建立一个在结构上全功能的物理样机来检验各部件的性能以及部件间的相容性,并通过对物理样机的试验测试,对原设计方案进行修改和确定。而虚拟样机是建立在计算机上的原型系统或子系统模型,它可用精确逼真的数字模型(包括几何外形、传动和连接关系、物理特性、动力学和运动学特性等)表示物理样机的各个部分、各个部件以及整个原型样机,在一定程度上具有与物理样机相当的功能真实度,其示意图如图2.13所示。在设计过程中,利用虚拟样机代替物理样机来对候选设计的各种特性进行测试和

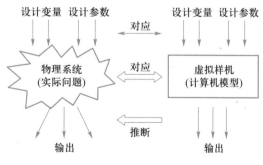

图 2.13 虚拟样机示意图

评价,可以达到缩短设计时间、节省研制资金、提高设计质量的目的。

4. 动力学仿真

动力学仿真也称作动力学样机,是以研究对象的动力学/运动学模型为核心,以其他相关模型为补充,利用多领域建模工具和仿真技术,在协同仿真环境的支持下所设计的虚拟样机原型系统。通过对动力学虚拟样机的仿真评估来代替对物理样机进行的总体设计性能的评估。由于是完全按照研究对象最本质的因素进行建模,因而其在动力学特性上更接近于物理样机。如飞机动力学虚拟样机以飞机六自由度非线性全量动力学/运动学方程和其他航空电子系统为基础,对飞机总体性能进行概念设计、方案论证和总体设计的虚拟原型系统。

动力学仿真过程是一个收集和累积信息的过程,例如对于飞行器的机载系统,有些物理问题,特别是含不确定因素的物理问题,往往难以建立物理和数学模型,虚拟样机就可以很好地模拟物理问题。通过动力学仿真,可以暴露原系统设计中隐藏的一些缺陷,还能启发新思想或/和产生新策略。当然,每一次动力学仿真计算的结果只是物理问题的一个特解,而非通解,因此需要进行很多次的仿真计算。另外虚拟样机和动力学仿真的精度取决于对于物理问题的理解。

2.4　南京航空航天大学飞行器设计与工程专业的特色

南京航空航天大学飞行器设计与工程专业历来从事新型/新概念飞行器设计与飞行器先进设计理论的研究,在新概念飞行器设计、飞行器总体综合设计理论和方法、飞行器结构设计理论、飞行器起落装置设计、飞行器设计先进试验技术等方面取得了显著的成绩,某些研究成果在国内具有较大的影响。

2.4.1　新概念飞行器设计研究

本专业历来注重新概念飞行器的设计研究,先后自行研制成功了我国第一架大型无人驾驶靶机,并衍生了多个改型,为我国的核武器、导弹等武器装备的试验和鉴定立下了赫赫功勋;研制成功了我国第一架鸭式布局全复合材料结构的有人驾驶轻型飞机 AD100,这是一种新型布局的飞机,随后又设计定型了 AD200 双座飞机、NH40 四座轻型飞机、AC500 五座公务机、"银河龙"号六座水上飞机等型号,其中 AD100、AD200、AC500 和"银河龙"号六座水上飞机都取得了适航证;研制成功了我国第一架直升机,之后又研制了多种轻型直升机;研制成功了我国第一架飞翼式微型飞机,随后又设计了多种布局的微型飞行器。本专业研制的多个飞行器型号填补了我国飞行器的空白。图 2.14 是本专业设计的几款飞行器型号图片。

2.4.2　直升机总体设计

南京航空航天大学的直升机设计方向是飞行器设计的一个特色专业方向,直升机设计理论与技术在国际上知名。本专业王适存教授的"涡流理论"在国际上被载入直升机设计专业的经典教科书(如图 2.15 所示),高正教授的"涡环边界"理论被命名为"高/辛理论"(如图 2.16 所示),并被载入直升机设计手册。最近几年,本专业在新构型旋翼飞行器气动布局设计、飞行动力学设计等方面取得了瞩目的成就。

(a) 无人机

AD100 AD200 NH40

AC500 YH-6

(b) 轻型有人驾驶飞行器

图 2.14 本专业设计的几款飞行器型号图片

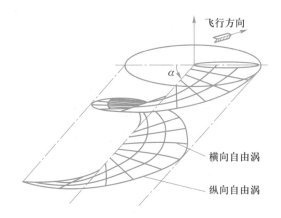

图 2.15 旋翼尾迹的纵横向自由涡（王适存"涡流理论"）

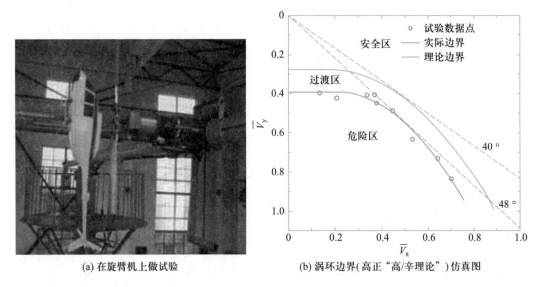

(a) 在旋臂机上做试验   (b) 涡环边界(高正"高/辛理论")仿真图

图 2.16 直升机涡环边界(高正"高/辛理论")

2.4.3 多学科设计优化

本专业的多学科设计优化(MDO)的研究起始于 1995 年,当时被称作综合设计优化。以航空飞行器为对象,研究飞行器总体–气动–隐身–结构–操稳–动力等学科耦合情况下飞行器设计的最优问题。主要研究内容及成果包括:多学科设计优化的方法与策略,提出了双代理模型的并行子空间协同优化(CO)方法和低自由度的协同优化(LDFCO)方法;高精度代理模型,发展了多种近似模型和评价方法;对于不同类型飞行器的 MDO 模式与设计应用等。图 2.17 为某中等展弦比弹翼多学科设计优化的示意图,涉及气动、结构、强度、隐身四个学科。

2.4.4 复合材料结构设计理论与技术

本专业学科对于复合材料结构设计理论和技术的研究已有 30 多年的历史,在飞行器复合材料优化设计、复合材料结构综合强度设计、复合材料结构力电耦合设计等方面取得了一系列研究成果。主要研究成果有:(1) 设计了一种新型皱褶夹芯轻质结构,其具有很好的降噪减振性能,同时具有较好的强度和刚度,已经用于 Y8 系列飞机的内装饰板;(2) 提出了复合材料结构布局优化的并行协同优化方法,有效地解决了结构型式、主要元件布置、元件尺寸和铺层顺序的耦合设计问题,并用于多型无人机工程型号和多型中等展弦比飞机型号的翼面结构;(3) 提出了一套复合材料蜂窝夹芯结构力学–电磁学性能综合设计的方法,成功研制了国内最大的高透波率全复合材料雷达罩,解决了"515 工程"的关键难题。

2.4.5 智能材料与结构

本专业在国内率先开展了飞行器结构健康监测和自适应结构的基础研究。(1) 提出了强度自诊断自适应的理论;(2) 解决了传感元件的组合和在结构中的合理分布、形状记忆合金驱动器的结构形式等关键技术问题,在国际上首先研制成功了强度自诊断自适应智能材料结构;

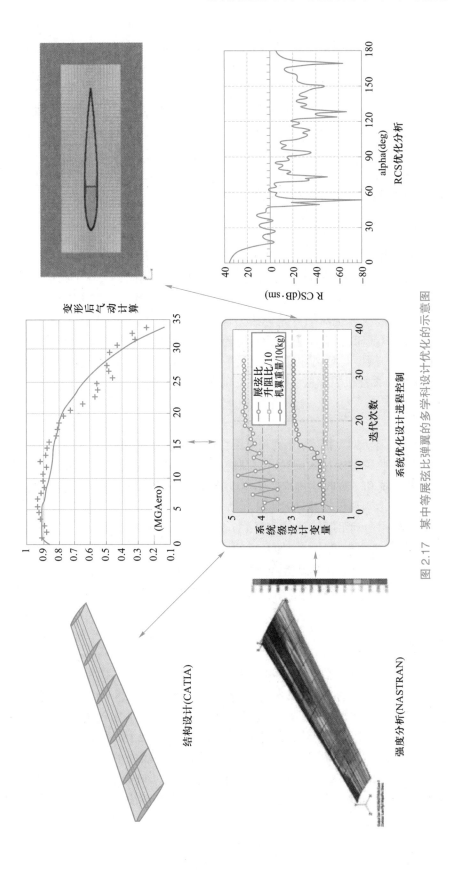

图 2.17 某中等展弦比弹翼的多学科设计优化的示意图

(3) 提出了机翼自适应可变攻角和翼型的多种方法,研制成功了自适应机翼模型系统。

2.4.6 结构抗疲劳设计

针对飞行器结构普遍存在的疲劳断裂问题,本专业学科探索结构材料疲劳断裂的机理,针对各种类型的飞行器结构,深入系统地研究了飞行器结构的疲劳断裂行为。(1) 发展了一个结构抗疲劳设计的场强法理论,已广泛应用于飞行器结构的抗疲劳设计;(2) 提出了飞行器疲劳载荷谱简化原理,并已应用于多个飞行器型号;(3) 提出并构建了结构随机振动疲劳寿命分析模型,完成了多个飞行器型号的抗疲劳设计。

2.4.7 飞行器结构动力学设计

本专业学科开展了结构动力学、振动测试、振动控制等方面的研究,在复杂飞行器结构动力学建模、计算结构动力学、非线性振动分析等方面取得了国内外公认的研究成果,这些成果已被应用于多种型号的飞机、直升机、导弹、火箭、卫星等飞行器的设计与研制。

本专业学科开展了以绝对结点坐标法为代表的大变形结构的非线性动力学数值模拟研究;提出了基于 CFD–CSD 耦合求解亚、跨、超音速飞行器颤振特性的计算方法;在柔性机翼非线性气动弹性预计、颤振与阵风响应主动控制、机动载荷减缓主动控制等方面进行了深入研究,完成了多操纵面柔性机翼颤振主动抑制及风洞试验验证研究。

2.4.8 飞行器起落装置设计

本专业围绕我国新型飞机、直升机和航天探测着陆器等航空航天飞行器急需解决的起落装置综合设计和试验等关键技术问题开展研究工作,取得的主要研究成果有:(1) 建立了飞行器起落装置缓冲系统和三维收放机构一体化设计方法,解决了强非线性双腔、双阻尼缓冲器和多自由度收放系统多学科设计技术难题;(2) 提出了两种新的前轮转弯操纵机构,解决了减小机构体积和提高机构传动平顺度技术难题;(3) 建立了舰载飞机弹射机构与前起落架一体化设计方法,实现了舰载机弹射机构与突伸系统的构型统一,并达到了舰载机前起增重小于 4% 的设计要求;(4) 提出了一种集压紧装置和锁定装置于一体的行星着陆器新构型。上述研究成果已经在多个飞机型号、月球着陆器等航空航天型号工程和型号预研的起落装置研制中得到了应用。

2.4.9 无人机起飞和回收

本专业在无人驾驶飞行器发射与回收技术方面优势比较明显,研发了车载滑跑助飞技术、液压冷气弹射技术、火箭助推发射技术、轮式起落架滑跑起飞技术、无人驾驶飞行器多机箱式发射技术、滑橇加拦阻网回收技术、轮式起落架自动着陆技术、伞加气囊缓冲回收技术、撞网回收技术和迫降回收技术等,部分无人机起飞与回收方式如图 2.18 所示。其中液压冷气弹射技术、双发火箭助推发射技术、轮式起落架滑跑起飞和自动着陆技术、多机箱式发射技术等多项技术均为国内首创,技术的应用范围广,从低速到高速、从小吨位到大吨位的无人驾驶飞行器均有成功应用;还开展了无人驾驶飞行器电磁发射技术和精确引导、自动回收技术等的理论和应用研究。

(a) 火箭助推发射技术

(b) 车载滑跑助飞技术

(c) 液压冷气弹射技术

(d) 拦阻网回收技术

图 2.18　部分无人机起飞与回收方式

2.5　发展趋势

2.5.1　新概念/新型飞行器

近年来新概念/新型飞行器发展迅速,从近几年出现的新概念/新型飞行器看,大致可以归并为下面几个类别:

(1) 新能源类,如电动飞机、电电混合动力飞行器、太阳能飞行器、人力飞行器等;

(2) 不同种类飞行器组合,如旋翼–固定翼组合的复合翼飞行器(如倾转旋翼飞行器)、"旋转"机翼飞机、飞艇–旋翼组合飞行器等;

(3) 多介质飞行器,如临近空间飞行器、火箭发动机飞机、空天飞机、气垫飞机、汽车飞机、潜射导弹、水下飞机等;

(4) 传统飞行器某一性能的特别延伸,如高超声速飞行器、长航时飞行器、超声速巡航民用飞机、大机动无人机、微型飞行器等;

(5) 非常规布局飞行器,如刚性旋翼直升机、"静音"超声速飞机、矢量推力无尾飞机、"联结翼"飞机、飞翼布局大型民用飞机等;

(6) 升力系统或飞行控制方式改变,如"康达效应"飞行器、扇翼机、扑翼飞行器、电控旋翼直升机、"智能变形"飞行器、等离子体舵面飞行器等。

对于航空飞行器而言,其性能可归为两大类,即平台性能和其他附加性能。

航空飞行器平台性能包括持续能力和机动能力两个方面,如图 2.19 所示。所谓持续能力

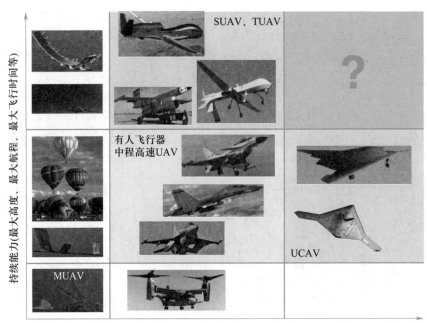

图 2.19 航空飞行器的平台性能

也即耐力,是指飞行器的最大高度、最大航程、最大飞行时间等可表示飞行器活动空间和时间的能力。所谓机动能力是指飞行器的最大速度、最大过载、爬升率、敏捷性等可表达飞行器运动变化率或变化梯度的能力。由图 2.19 可以看到,在飞行器平台性能的二维坐标系下,中间区域可以是有人飞行器,其他区域只能是无人飞行器,因为在这些区域已经突破了人类活动的极限。

航空飞行器的其他附加性能是指那些与平台性能关系不甚紧密的功能或能力,如隐身性能(包括雷达隐身、红外隐身、可见光隐身)、探测能力、通信能力、武器攻击能力等。

航空飞行器的平台性能和附加性能是相辅相成和相互制约的,例如对于军用飞行器而言,如果飞行器的速度为 10 Ma 以上,那么飞行器本身就是武器;反之如果出现一种武器其射程达几百公里甚至上千公里,那么飞行器就不需要好的机动性了。

2.5.2 新概念/新型飞行器结构

任何飞行器都要依托其结构来实现其使命。随着材料科学、制造技术、电子技术和信息技术的进步,未来的飞机结构必将是多功能的,以其"轻质"和"智能"两大特征,实现飞行器结构性能的"飞跃"。新概念/新型结构设计的基本思路见表 2.8。

强度、刚度和寿命(与可靠性)是飞行器结构的三大基本力学性能,在满足三大基本性能要求下,寻找最轻的飞行器结构是飞行器结构设计师追求的永恒目标。实现这一目标的基本途径是采用新型轻质材料、新型结构型式和先进制造工艺,这三者往往又是相互依存的。对于飞行器结构设计师而言,新型结构型式是核心,而新型轻质材料是结构设计的前提性要求,先进制造工艺则是条件性和发展性要求。

表 2.8　新概念/新型结构设计的基本思路

类别	种类	例
新材料	复合材料	弯扭耦合结构、气动剪裁结构、颤振抑制结构等
	梯度材料	高温梯度结构、耐磨结构、耐腐蚀结构等
	低密度芯材	全高度控制面、边缘结构、减振降噪结构等
	……	……
新工艺	CAD/CAM	金属整体结构等
	3D 打印	整体复杂零件、微结构零件等
	搅拌摩擦焊	整体结构、复合结构等
	……	……
新思维	组合方法	功能结构、模块化结构、复合结构等
	类比方法	仿生结构、变体结构等
	……	……

新型轻质材料必定会产生新型结构,结构设计师们需要时刻了解材料科学的研究进展和发展预期。例如,先进的纤维增强树脂基复合材料(简称复合材料)具有各项异性的特性,据此可以设计出具有弯扭耦合特性的翼面结构,实现气动剪裁和颤振抑制;复合材料具有很好的可加工性,据此可以设计出共固化的整体结构;采用蜂窝、泡沫等低密度芯材可以设计出全高度控制面、边缘等结构;碳/碳复合材料、陶瓷复合材料、梯度材料等新型材料可用于高温热结构,等等。

新型制造工艺将催生新型结构,结构设计师们还需要时刻了解材料制造科学与技术的发展。例如,数控加工使大量的金属整体结构成为现实;3D 打印技术使复杂的零构件得以快速制造;点焊、粘接、搅拌摩擦焊等连接工艺使整体薄壁结构变得比较经济;等等。

新概念结构还依赖于设计者的创新思维,结构设计师们可以通过组合、类比、列举、设问等创新设计技法,结合工程设计需求设计出新概念结构。

飞行器结构除了承载传力、维形、支撑等基本功能外,还要实现健康监测、减振降噪、防冰除冰、热量控制、变形控制、电磁场利用、隐身等其他功能。传统的飞行器结构将这两类“功能”分别设计,用两个结构“实体”来实现,这就导致了结构的“笨重”和某些功能难以实现。多功能结构将这两类功能合二为一,用一个结构实体来实现,这将是飞行器结构设计的一个革命。

2.5.3　系统综合

现代飞行器中,有人驾驶飞机的机载系统最为复杂,它涉及多种能源和热源、多种控制、不同功能,如其能源包括电、液压、冷气、机械等,这些能源在使用转换过程中会产生热损耗;又如为实现不同的系统功能,需要采用不同的控制原理、方式、执行器件/零部件等。以往的系统设计以功能为中心,配置相应的能源、控制、执行器件/零部件,导致了机载系统存在集成化程度低,可靠性不高等问题。随着信息技术、控制技术、电子技术等学科的发展,机载系统设计正在向高度综合集成化的方向发展,进行机载系统的能源综合、机电综合、控制综合、功能综合,以实现机载系统能源、控制、功能、物理的一体化。目前,已经提出了多电飞机和全电飞机的概念,这是实现机载系统一体化的可行途径。如三代以后的战斗机均已采用了电传操纵,不久的未来电传操纵系统将与火控、推力以及导航系统交联,实现多模式的综合控制。大铰链力矩电动舵机将取代液压舵机,使电传操纵系统全部电气化,实现全电传操纵。全电飞机是一种以电能取代液压、冷气和机械能的飞机,即所有机载系统的能源都采用电能。因为实现全电飞机要涉及相互交联的多个子系统,十分复杂,所以目前有的飞机只是由电能取代了部分其他的能源,这种飞机称之为多电飞机。

2.5.4 新理论、新方法和新技术

在飞行器发展的历程中,飞行器设计的新理论、新方法和新技术一直是绝大多数飞行器设计研究人员的研究内容。

每一代飞行器的出现必定是某些新事物集成的结晶,而新概念/新型飞行器的研制为设计理论、方法和技术的研究提出需求,产生出一系列的新理论、新方法和新技术。如第四代战斗机高平台性能和隐身性能要求促进了气动布局技术的进步,综合采用了近距耦合鸭式布局、边条机翼、翼身融合、双垂尾等技术,同时通过外形、布置、材料、涂层等实现低雷达和红外探测的目的。

每一项与飞行器相关的主要技术的革命或某些技术的跃升都会造就一代飞行器,如航空动力由活塞式发动机变为喷气式发动机,航空飞行器由低空亚声速变为高空超声速就成为可能;电传操纵系统是第三代战斗机的特征之一;而高比例的复合材料结构是第四代战斗机的结构特征之一。

飞行器的研制是一项系统工程,综合协调优化是飞行器设计的基本方法,随着数字化技术的快速发展,面向不同对象的多学科综合协调优化理论和方法被广泛研究,并走向工程应用,同时向智能化方向迈进。

数字化设计将是飞行器设计的未来方向,数值仿真、虚拟设计、动力学仿真、智能设计等数字化技术将支撑未来的飞行器设计,各种各样的物理原理、物理模型、工程流程等物理问题都会被数字化,飞行器设计将全面数字化。

2.5.5 新手段

飞行器总体设计手段或工具进步主要是设计与验证的数字化,几何设计采用 CAD,性能评估采用 CAE。随着计算机技术和数值分析理论的发展,CAD/CAE 的重要性越来越高,设计效率也随之大大提高。

目前的飞行器设计既需要新思想和现代设计技术,也离不开以往的设计经验。如何将设计经验传承下去,目前还是一个正在探索的问题,知识工程(KBE)是解决这一问题的有效途径之一。

本章简要介绍了飞行器制造工程专业的专业范畴、教学安排、研究内容、南京航空航天大学的专业特色、发展趋势。重点介绍了南京航空航天大学在飞行器制造领域的优势研究方向，飞行器制造工程专业的知识结构、学生应具备的专业素质能力及培养方案。

3.1　专业范畴

飞行器制造是以一般机械制造工程为基础，广泛吸收各种先进技术和科学理论的成果，针对飞行器的特点研究各种制造方法和应用，探求制造过程的规律，合理利用资源，经济而高效率地制造先进飞行器的技术科学，是实现人类航空航天理想，使先进的设计思想变成现实的重要保证。通常飞行器制造仅指飞行器机体零构件制造、部件装配和整机总装与调试等。飞行器的其他部分，如机载设备、电传系统和附件等由专门工厂制造，不列入飞行器制造范围。但是它们作为成品或半成品在飞行器的安装和整个系统的连接，电缆和导管的敷设，以及各系统的功能调试都属于总装的工作，是飞行器制造的一个组成部分。

3.1.1　飞行器制造特点与技术要求

1. 飞行器产品的结构特点

飞行器作为典型的航空航天产品，普遍存在结构复杂、工作环境恶劣、轻量化和可靠性要求高的特点。飞行器的结构系统是各个分系统的安装平台，既提供一个全系统的功能结构形状，又实现各个系统具有相互精确连接。以典型飞机（如图 3.1 所示）为代表的飞行器结构特点如下：

（1）飞机零件和连接件数量多，一架大型飞机有十几万个零件，数百万个铆钉、螺栓等连接件，成百台电动机，数百只各种仪表和数百米各类管道（电气、液压和冷气系统）等。

（2）飞机零部件形状和结构复杂，大部分零件是由板材和型材加工成的薄壁件，尺寸大，刚度小，装配难度大，使得飞机装配中机械化程度较低，手工操作多；飞机装配的工作量很大，约占飞机制造总劳动量的一半，装配周期也占全机生产周期的 50%~75%。

（3）飞机装配质量要求高，飞机各部件的气动外形、外廓尺寸、各部件之间的相互位置等，主要都是在装配过程中获得并确定的。飞机装配是飞机制造过程的主要环节，对飞机产品的性能、寿命和成本都有很大的影响，在飞机制造中占有极其重要的地位。

图 3.1 典型飞机复杂结构

2. 飞行器典型结构制造特点

飞机的典型结构如图 3.2 所示,其零件主要分为外形类(蒙皮类)零件和骨架类零件(包括长桁、梁等纵向骨架零件和框、肋等横向骨架零件)。

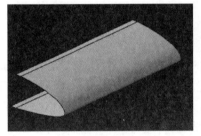

(a) 蒙皮类零件

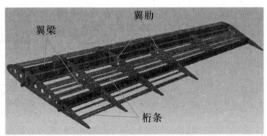

(b) 骨架类零件

图 3.2 飞机典型结构

(1) 外形类零件制造特点

外形类零件是指形成飞行器气动外形的零件,最典型的就是飞机蒙皮,形成飞机的气动外形。飞机结构上使用最广泛的是铝合金蒙皮,高超声速飞行器可采用钛合金蒙皮,现代飞机也大量使用复合材料蒙皮。按照外形特点,蒙皮可分为单曲度蒙皮、双曲度蒙皮和复杂形状蒙皮三种类型。大多数蒙皮结构尺寸大,相对厚度小,外形要求准确,且要求表面光滑、无划伤。金属蒙皮类零件的成形方法有压弯、滚弯、拉形、橡皮囊成形、时效成形和喷丸成形等,复合材料蒙皮主要采用铺放和固化成形。

(2) 骨架类零件制造特点

骨架类零件主要包括框、肋、梁、长桁、接头和座舱盖零件等。其中,框/肋可分普通框/肋和加强框/肋等,梁可分整体式梁和装配式梁。按其材料不同,骨架类零件可分为金属类和复合材料类。按其结构特点,骨架类零件又分为:整体结构件、平板零件、弯边零件、型材零件以及管材零件等。金属整体结构件一般采用切削加工方法制造,也可采用 3D 打印技术制造;平板零件可采用不同的设备和工艺方法成形或加工,主要方法有:剪裁、铣切、冲裁、激光加工、等离子切割、高压水切割等;弯边零件典型的成形方法有橡皮囊成形、拉弯成形等。复合材料构件主要采用铺放和共固化成形。

3.1.2 用于飞行器结构的典型材料

1. 铝合金

铝合金是目前应用最广泛的飞机结构材料之一,具有重量轻、防腐蚀能力强、反射辐射能、导电及导热能力强、非铁磁性、外观及表面易处理、机械性质良好、经加工处理后强度高、延展性高等一系列优点,并且铝合金来源广,被广泛应用于飞机主体结构材料,如蒙皮、骨架、螺旋桨、油箱、壁板和起落架支柱等。

2. 钛合金

钛合金具有比强度高、耐蚀性好和耐高温的显著特点。在航空领域中,要保证飞机机体和发动机零件在复杂条件下具有良好的工作能力,如温度在 250~600 ℃时,钛的比强度居常用金属材料之首,与密度更轻的铝合金相比,尤其具有更好的高温强度。因此钛合金作为结构材料,适用于航空发动机部件以及其他航空构架。钛合金已成为最主要的航空材料之一。

3. 复合材料

复合材料是由有机高分子、无机非金属或金属等多类不同材料通过复合工艺组合而成的新型材料。先进复合材料是指用碳纤维等高性能增强相增强的复合材料,对于先进树脂基复合材料,在综合性能上与铝合金相当,但比刚度、比强度高于铝合金。与传统材料相比,复合材料具有可设计性、多功能性和发展性,材料与结构一体化。先进复合材料的用量成为航空航天结构的先进性标志之一。

3.1.3 专业范畴

1. 零件制造

从飞机结构特点可以看出,飞机主要是由骨架类零件(也称结构件,如梁、框、肋、长桁、座舱骨架等)和外形类零件(如蒙皮)两大部分零件组成的。根据形成零件结构过程中材料的变化情况,可将零件的制造方法归结为三类,即减材制造、增材制造、等材制造。

(1)减材制造

减材制造即在毛坯的基础上去除多余材料形成零件结构,主要加工方法包括机械加工(切削加工、磨削加工等)和特种加工(电火花加工、电化学加工、激光加工、电子束加工、离子束加工、等离子弧加工、超声加工、化学加工等)。切削加工在减材制造中占据主导地位,同时也是制造业中基本的加工方法。切削加工技术正朝着高速、高效、精密、微细、智能、绿色的方向发展。特种加工也逐渐成为很多难加工零件的制造解决方案,主要靠电、化学、电化学、光、热、声等能量去除工件材料,而非主要依靠机械能,加工过程中工具和工件间不产生显著的弹、塑性变形,加工残余应力、冷作硬化小。

(2)增材制造

增材制造是采用材料逐渐累加的方法制造实体零件的技术,相对于传统的材料去除–切削加工技术,是一种"自下而上"的制造方法。该技术不需要传统的刀具、夹具及多道加工工序,在一台设备上可快速而精密地制造出任意复杂形状的零件,从而实现"自由制造",解决许多过去难以制造的复杂结构零件的成形,大大减少了加工工序,缩短了加工周期,提高了材料利用率。增材制造的主要方式有熔融沉积成形(FDM)、光固化立体成形(SLA)、分层实体制造(LOM)、电子束选区熔化(EBM)、激光选区熔化(SLM)、金属激光熔融沉积(LDMD)等。飞行器中复合材料零件的铺放(手工铺叠、自动铺带、自动铺丝)成形也属于增材制造。

（3）等材制造

等材制造是指在制造过程中材料总体积不发生变化,钣金成形是一类典型的飞机结构件等材制造工艺。钣金成形是指对薄板、薄壁型材和薄壁管材等金属毛料施以外力,使之发生塑性变形或剪断,从而成为具有预期形状和性能的零件加工方法。飞机板类零件钣金成形技术主要包括拉形、滚弯、喷丸、旋压、拉弯、超塑成形/扩散连接等。

2. 飞行器装配

飞行器装配是将成千上万个零件装配成飞行器整机产品的过程。由于零件数量庞大,且一般零件尺寸大、刚性弱,装配质量要求高,装配难度大,装配周期长,一般采用"零件—组件（板件、段件）—部件—总装"逐步进行的装配过程。

（1）装配单元划分

由于构造、使用、生产和维护上的要求,飞机机体必须分解成部件、段件、板件、组合件、零构件。从使用维护角度出发,将机体分解的目的是便于运输和仓储,便于各种部件、成件、机构、系统的更换、检查和调整。基于构造或使用方面的考虑要将飞机分解,分解后的各装配单元之间的连接面称为设计分离面,之间一般采用可卸连接。从制造的角度来看,飞机生产不可能将几万个或十几万个零件直接装成一架飞机,而必须逐步进行。为了缩短飞机的装配周期,扩大工作面,改善劳动条件,使更多的工人可以同时参加装配安装工作,需要将飞机进行分解。由于生产原因分解成的各装配单元之间的连接面叫做工艺分离面,它们之间一般采用不可卸连接。飞机工艺分解与某中机身装配顺序图如图 3.3 所示。

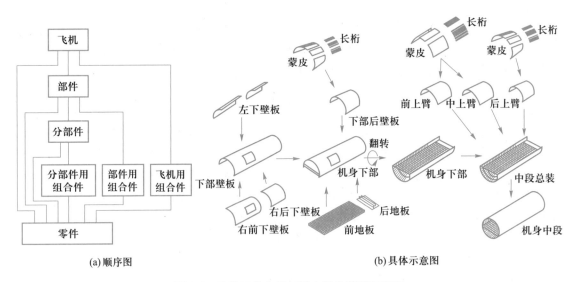

(a) 顺序图　　　　　　　　　　(b) 具体示意图

图 3.3　飞机工艺分解与某中机身装配顺序图

（2）装配工艺

飞机装配工艺的具体内容包括装配定位方法、装配连接方法和装配协调方法等。

装配定位方法需要保证定位符合设计和技术条件规定的准确度要求,定位与固定操作简便可靠,工艺装备简单,降低制造成本。为了保证飞行器产品使用性能和互换性要求,满足装配准确度要求是装配工作中的首要任务,其中包括部件气动力外形准确度、部件内部组合件及零件的位置准确度、部件之间接头配合的准确度、部件间相对位置的准确度以及其他准确度要求。

装配连接方法有铆接、螺接、胶接、焊接等。不同连接方法又可以分为许多不同的特殊工艺,以最常见的铆接为例,根据用途可将连接划分为普通铆钉连接、干涉铆接、密封铆接和特种铆钉铆接。

装配协调方法是飞机装配工艺中最有特色的内容。飞机装配过程中,对由于零部件、工艺装备等本身的制造误差和装配变形而出现无法装配的情况(装配不协调),可以通过提高制造准确度、合理分配装配工艺容差等综合方法,来满足结构的可装配性(装配协调),并满足装配准确度要求。

(3) 装配工艺装备

飞机装配工艺装备包括:各种通用/专用装配装备(机床或工具,用于制孔、铆接、螺接、焊接等);专用装配工艺装备(型架、夹具);常用通用/专用量具(通用检测设备和量规、标准平板、表面标准样件等标准工艺装备)。随着自动化装配的普及应用,装配工艺装备的概念逐步外延到装备和型架一体化的自动化装配生产线,体现了柔性化、自动化、集成化的趋势。具体来说,飞机装配领域常用的设备主要有:自动制孔连接系统如图 3.4 所示,以自动钻铆机为代表,主要用于飞机壁板的自动化制孔和连接;柔性

图 3.4　自动制孔连接系统

工装系统,用于零部件在装配过程中的定位夹持;总装对接系统,主要用来大部件对接过程中的运输、调姿、对接等功能。

3.2　教学安排

飞行器制造工程专业本科阶段的主要学习任务是了解飞行器的制造过程,掌握飞行器制造相关基础知识、专业基本知识和基本技术技能。

3.2.1　培养目标

飞行器制造工程专业的培养目标是:面向国家建设与航空航天发展需求,坚持立德树人,培养德智体美劳全面发展,具有科学素养、工程素养和人文素养,以及航空航天工程领域的专业知识,具备国际视野、创新意识、工程实践能力、研究应用能力和组织协调能力,能够在航空航天等工程领域从事设计、制造和管理的高素质技术人才。

本专业本科毕业生经历 5 年左右达到工程师等相当职称或项目主管等任职条件,具体应达到如下目标:

(1) 具有良好的人文素养、科学素养、社会责任感和工程职业道德,能够服务于社会。

(2) 具有航空航天制造工程基本理论、基础知识以及专业知识和工程实践能力,能够在航空航天等工程领域从事设计、制造和生产管理工作,并能够综合考虑经济、环境、法律、安全、健康、伦理等方面的影响因素。

(3) 在航空航天等工程领域具有职业竞争能力和创新意识,具有承担研发任务的能力,并成为业务骨干。

(4) 能够与时俱进,具有健康的身心素质,能通过不断学习来拓展自己的知识与能力,具备终身学习和不断发展的能力。

(5) 具有国际化视野,能够开展跨文化交流与合作,在不同职能团队中具备承担领导角色的能力。

3.2.2 能力要求

飞行器制造工程专业培养适应国家建设与航空航天发展需求,基础理论扎实,专业知识系统,国际视野开阔,创新能力和工程实践能力突出,德、智、体、美、劳全面发展,从事设计、制造和管理的高素质技术人才。作为一名未来的飞行器制造工程师,在校期间应着重锻炼并具备自学能力、综合能力、创新能力和工程能力。

(1) 自学能力

人类处于一个知识更新快、信息爆炸、知识来源多样的年代,新技术层出不穷,现代科学技术呈现指数式的增长,同时新旧知识的更替速度越来越快,大量的新技术新工艺新材料首先在飞行器上得到应用,因此飞行器制造工程人员时刻面临着新技术的挑战,只有持续不断地自我学习才能跟上时代的步伐,才有可能掌握新技术,成为新技术的运用者,立于不败之地,才能提升创新能力、综合能力。学校的培养是短暂的,从事飞行器制造工程研发的工程师必须在持续的学习研究与工作实践中完善自己,培养自己的学习坚韧性、思维逻辑性和工作条理性。

(2) 综合能力

飞行器制造工程的理论、方法与技术涉及了结构、制造、装配、系统、材料、控制等众多学科,是非常复杂的工程问题,要解决该复杂工程问题,必须全面、综合地灵活应用各方面知识。

综合能力是指将多学科领域的知识融会贯通,并综合运用于解决理论和工程实际问题的能力。本专业的培养计划十分注重飞行器制造所需的各知识点的完备与衔接,开设了不同类型和规模的综合性练习与实验,建立了"项目式实习制"和"本科生科研实习制"的能力培养制度,建立了"双导师"的毕业设计模式,以培养学生系统、全面地看待、分析和解决复杂工程问题的能力。

(3) 创新能力

航空航天是国家高新产业,创新发展是航空航天业的主旋律,制造技术的创新是强国的基础,因此创新能力是飞行器制造工程专业学生应具备的最重要的一种基本能力。

创新能力是指人在认识与实践过程中表现出来的、产生新成果的思维与行为的能力。从创新过程的角度看,创新能力反映了一个人分析和解决问题的能力;从心理学的角度看,创新能力反映了存在于其创造性人格之中的一种综合能力;从创新成果的角度看,创新能力产生的成果具有新颖性和社会经济价值。

创新能力有三个基本要素,即基础能力、思维能力和行为能力。基础能力是目前大学本科教育的重点。本专业根据培养目标,设置了系统的理论课程体系,学生通过学习,便可具备基本的且比较系统的专业知识体系。创新思维是一种可以培养和训练的特质,主要包括创新意识和探索精神。本专业主要通过专门训练环节和课程教学中潜移默化的影响,引导学生独立思考,并充分利用已有知识进行创新设计,激发创新设计的潜力与悟性。将一个创新性思想变为现实需要实践和技法。本专业特别注重实践教学和创新技法的训练与培养,建立了大学生航空航天制造工程创新实验室,配备专业指导教师,为创新能力的培养提供了必要的条件。

（4）工程能力

飞行器制造工程由于涉及多学科多领域、随机性大、影响因素复杂多样、难以以常规方法解决、经常需要从原理方面去探求答案、牵涉多方面相关利益、综合性高等,属于典型的复杂工程问题,需要考虑各种各样的因素,一般很难找到一个现成的理论便可彻底解决某个制造问题,而且往往伴随着大量的分析、计算和试验,分析和计算模型通常需要做一些简化,试验条件和环境一般也要进行工程简化处理,需要从工程知识、学科范畴、综合因素、现场情况等多个方面去理解复杂工程问题。可以说一个优秀的飞行器制造工程师也是一个处理工程问题的高手。

工程能力是指从本质上掌握工程问题与理论问题的区别和联系,并正确运用理论来有效地解决工程问题的能力。尽管个人的工程能力与其成长环境和先天特质有关,但任何人的工程能力都可以通过培养而得到提高。本专业通过理论课程中飞行器制造的理论、方法与技术,与实际问题相结合以及工程实习、专业综合训练和研究性训练等环节培养学生的工程能力。

3.2.3 素质要求

能力主要以知识作为基础,而素质是一种以正确的思维为导向的实际操作,具有很强的灵活性和创造性,作为一名飞行器制造工程师,除了必备基本的人文素质,还需具备工程素质。

工程素质是指从事工程实践的工程专业技术人员的一种能力,是面向工程实践活动时所具有的潜能和适应性。工程素质的特征是:第一,敏捷的思维、正确的判断和善于发现问题的能力;第二,理论知识和实践的融会贯通;第三,把构思变为现实的技术能力;第四,具有综合运用资源,优化资源配置,保护生态环境,实现工程建设活动的可持续发展的能力并达到预期目的。

工程素质主要包含以下内容:一是广博的工程知识素质;二是良好的思维素质;三是工程实践操作能力;四是灵活运用人文知识的素质;五是扎实的方法论素质;六是工程创新素质。

工程素质的形成并非是知识的简单综合,而是一个复杂的渐进过程,将不同学科的知识和素质要素融合在工程实践活动中,使素质要素在工程实践活动中综合化、整体化和目标化。

因此,要成为一名合格的飞行器制造工程师,除了具备扎实的知识和突出的能力外,还必须具有良好的素质。一名优秀的飞行器制造工程师应具备以下素质。

（1）科学的思维方式

思维是人们对客观事物间接的、概括的反映,思维是理解知识之关键。飞行器制造从零构件制造,到组件和段件的装配,再到机翼、机身等部件的装配,最后通过总装将航电、操纵、环控、燃油、液压、起落架、发动机等系统与上述结构有机结合起来,成为一架完整的飞机。科学的思维方式是在感性认识的基础上,运用分析、综合、比较、抽象、概括、归纳、演绎等基本思维方法,形成飞行器制造的工程概念,比较飞行器制造与一般机械产品制造的异同,判断影响飞行器制造效率和质量的因素,推理出相应的对策,获得对飞行器制造本质和规律的认识。

通过相关课程设置,以及先进教学方法的实施,培养学生形成科学的思维方式。

(2) 独立工作能力和协作精神

飞行器制造是一项复杂的系统工程,需要梳理错综复杂的关系,协调解决各种各样的矛盾,最终获得符合实际情况的最佳结果。飞行器制造涉及多学科,需要多部门和团队各成员的合作。作为团队的一员,不仅要有较强的独立工作能力,承担起自己的责任,而且还需具备良好的协作精神,与其他成员通力合作,相互促进,达成共同的目标。

通过小组申报大学生创新项目和社会实践项目、项目式实习、分组课程实验与课程设计、团队毕业设计等方式,培养学生发挥各自优势,协作完成共同任务的独立工作能力和协作精神。

(3) 秉持敬业精神,养成严谨的工作作风

飞行器制造是国家社会经济发展重点建设的专业,具有广阔的前景,学生在学习过程中,耳濡目染,不断加深对专业的热爱。飞行器制造涉及的零构件数量巨大,关系错综,工艺复杂,质量要求高,质量和安全要求在飞行器制造中占有极其重要的地位,任何一点小小的疏忽或失误,都可能造成机毁人亡的重大事故。飞行器制造工程师必须养成严谨的工作作风,认真对待每一项工作,对每个环节、每个细节都做到精益求精,一丝不苟、全面周密、滴水不漏。

通过授课中的实例讲解和邀请企业院所的专家做讲座等方式,激发学生对本专业的兴趣,树立学生航空报国、制造强国的理想。在教学活动中,对工程问题进行抽象、建模,通过理论分析、实验研究,探寻、验证客观规律,培养学生科学严谨的作风和求实精神。

(4) 优秀的品格和全局观念

每一位飞行器制造工程师都是某个方面的专家,但不能囿于其知识背景和工作经历而轻视其他方面的意见。通常,各制造工程师都会认为自己的工作重要,这无可非议;但从全局的观点看,每位制造工程师的工作又都是整个飞行器制造的一个组成部分。因此从完整性的角度,每一个部分的制造都同样重要,彼此之间又联系紧密。

本专业十分重视学生全局观的培养,在教学计划、实践实训、成绩评定等方面都考虑了对学生全局观念的培养。

3.2.4　课程体系

从专业学习的角度,飞行器制造工程专业的主要学习任务为:

- 了解飞行器制造的基本过程;
- 掌握飞行器制造的基本方法、原理和基本知识、技术;
- 实践与训练:设计针对飞行器制造工程问题的解决方案,设计满足飞行器零件制造、装配等特定需求的系统、工艺和装备;
- 了解飞行器制造理论与技术的前沿和发展趋势;
- 了解国防及航空航天背景知识。

1. 专业课程

根据飞行器制造工程职业对人才的知识、能力和素质的要求,拟定出本专业学生在校期间

应获得的知识结构(也即必备的知识点系列),再根据知识点的相互关系,由 1 个或数个知识点构成 1 门课程(广义的课程包括课堂授课、实验、实习、自学、设计环节等),进而形成课程体系。

课程体系指的是将不同课程按照门类顺序排列,它是教学内容和进程的总和,是培养目标的具体化和依托,它规定了培养目标实施的规划方案。

本着"厚基础,宽口径,强能力,高素质"的原则,设计了本专业的知识构架。学生根据人才培养方案,通过课程学习和实践环节,掌握必备的知识和技能,为今后的工作打下基础。

根据课程平台属性进行划分,飞行器制造工程专业的课程体系如表 3.1 所示。

表 3.1 飞行器制造工程专业课程体系

课程平台	主要课程名称	课程属性(类别)
通识教育	大学英语、高等数学、大学物理、理工基础化学、线性代数、计算方法、C++ 语言程序设计、概率论与数理统计、思政教育、数据结构、创业基础、自然科学与工程素养课	工科基础
	航空航天概论、军事理论	航空航天类基础
学科基础	专业导论	专业认知
	理论力学、材料力学、控制系统工程、电工与电子技术、工程热力学、机械设计、机械原理、工程材料学、工程图学、力学测试及误差分析、机械制造工艺学、互换性与技术测量	制造及制造类基础
专业教育	钣金成形原理与技术、数字化设计制造技术基础、飞机装配工艺学、飞行器复合材料结构制造技术	专业理论与技术
	飞机钣金成形技术模块、飞机装配技术模块、数字化制造与智能制造技术模块、复合材料结构制造技术模块、航空航天类通用专业模块	专业拓展
学科拓展	管理课程模块、文化素质课、素质拓展课	综合能力拓展
综合实践	大学物理实验、C++ 语言课程设计、电工与电子课程设计	工科基础训练
	机械原理课程设计、工程训练、机械设计课程设计	机械工程基础训练
	钣金成形原理与工艺课程设计、数字化设计制造技术基础课程设计、飞机装配工艺技术课程设计	专业专项训练
	飞机装配工艺综合实验、钣金成形工艺综合实验、数字化设计制造综合实验、复合材料结构制造综合实验、下厂实习(项目式实习)、毕业设计	专业综合训练

2. 核心课程

该专业的核心课程主要由专业(学科)基础课程和专业主干课程构成,如表 3.2 所示,其中 4 门专业主干课程也是专业特色课程。

3. 特色模块

特色课程模块是指专业教学计划中具有专业特色的课程,反映了飞行器制造工程的行业特殊性以及专业覆盖多样性,体现在专业知识的"深入"和"宽广",涉及专业相关的新技术新方法的知识点以及更深入的专业知识。飞行器制造工程专业的特色课程如表 3.3 所示。

表 3.2 飞行器制造工程专业核心课程

课程平台	课程名称	学分数	备注
学科基础课程	工程图学 I（1）	3.0	
	工程图学 I（2）	2.5	
	理论力学 I	5.0	
	材料力学 I	4.0	
	电工与电子技术基础 I（1）	3.5	
	电工与电子技术基础 I（2）	3.5	
	工程材料学	2.5	
	机械原理	3.0	
	工程热力学 I	3.0	
	机械设计	3.0	
	机械制造工艺学 II	2.0	
	互换性与技术测量 II	1.5	
专业主干课程	钣金成形原理与技术	3.0	特色课程
	数字化设计制造技术基础	3.0	特色课程
	飞机装配工艺学	3.0	特色课程
	飞行器复合材料结构制造技术	3.0	特色课程
合计		48.5	

表 3.3 飞行器制造工程专业特色课程

课程平台	课程模块	课程名称
专业选修模块	数字化制造与智能制造技术	制造大数据及其应用、工业物联网技术、计算机辅助几何设计、三维数字化测量与数据处理、数控加工技术、机器人应用技术
	飞机钣金成形技术	高温材料及成形技术、先进钣金成形设备、钣金特种成形技术、钣金成形 CAE 技术、微纳米结构和材料、先进热成形技术、注塑模成型及模具设计
	飞机装配技术	航空智能装备设计、飞机装配协调与容差分配、航空先进连接技术
	飞行器复合材料结构制造技术	金属基复合材料及其成形技术、复合材料超声辅助加工技术、复合材料界面技术、微波固化技术及应用、复合材料无损检测技术、飞机结构与维修技术

4. 学习进程

学习进程是指课程学习的先后顺序，反映了专业所学课程的先后逻辑关系，是课程学习的一个递进模式，其示意图如图 3.5 所示。

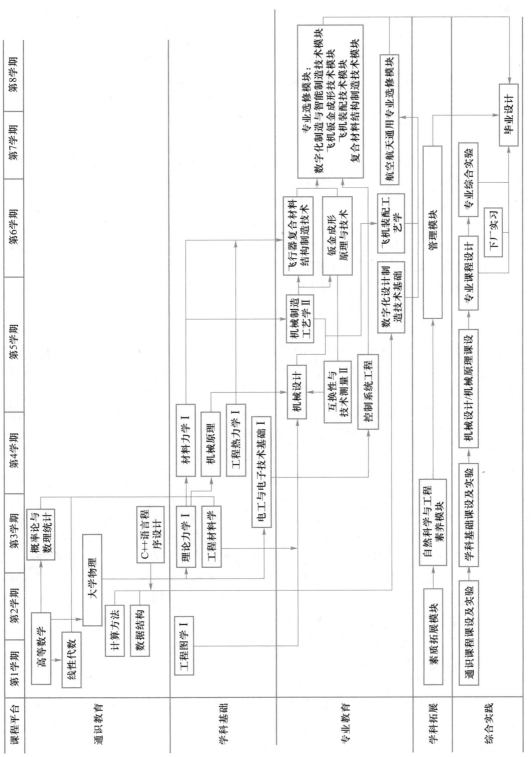

图 3.5 学习进程示意图

3.3 研究内容

南京航空航天大学本专业科学技术研究主要围绕飞行器壳体的制造生产技术,包括三个大的研究方向,即零件制造技术、装配制造技术及制造中的数字化与智能化技术(数字化制造与智能制造技术)。

3.3.1 零件制造技术

零件是组成产品/装备最基本的单元。由于航空航天类产品外形复杂,性能要求高,其零件一般都较为复杂且结构尺寸大,其材料构成复杂,制造难度大,制造手段多样,最先进的制造技术往往率先应用于航空航天类产品的零件制造。

1. 机械加工与特种加工

机械加工与特种加工属于减材制造。机械加工和特种加工是通过一定的工艺方法和步骤逐步去除金属结构件毛坯的材料,从而获得其最终形状和尺寸。从原理上讲,机械加工中的切削、磨削是依靠机械能,利用刀具或磨具上的磨料以很高的切削速度从工件表面上切去切屑的加工工艺过程。而特种加工则是直接利用电、光、声、化学、电化学等多种能量或其复合应用以实现材料去除的加工方法。

从结构功能上,飞机机械加工零件包括机翼的梁和肋,机身的框、壁板与接头,飞机整体壁板,等等。当今,以高速数控机床为主要手段的高速数控加工技术,为航空航天复杂零件提供了高效率、高质量切削加工解决方案。数控加工是指在数控机床上进行零件加工的一种工艺方法,用数字信息控制零件和刀具的运动,是实现高效、自动化加工的有效途径,能够极大地提高航空航天复杂零件的加工效率和质量。目前,数控加工已经成为飞行器结构最主要的加工方法之一,以飞机制造为例,85%以上的零件都要通过数控加工完成。一方面,数控加工自动化程度高,零件加工的时间相对较短;另一方面,飞行器大型结构件尺寸大、结构复杂,且多属于单件小批量生产,致使其程序编制工作量大,是其中的一个瓶颈。因此,如何提高数控编程效率成为飞行器结构件数控加工中的一个热点问题。在航空航天复杂零件的数控加工中,零件的质量主要靠机床装备和加工工艺保证,其中加工工艺更是核心。如何进行加工工艺知识建模,提高数控加工工艺的准备效率和质量,是需要重点研究的技术关键。如图3.6所示为利用数控加工技术制造的飞机结构件。

尺寸:2.8 m×2.3 m;最薄壁厚:0.4 mm

图 3.6 利用数控加工技术制造的飞机结构件

2. 钣金成形

钣金成形属于等材制造。钣金成形是对薄板、型材和管材等金属毛料施以外力,在室温或高温下使毛料在设备和模具作用下产生变形内力,继而产生相应塑性变形,从而获得一定形状、尺寸和性能的零件。

从结构功能上,飞机钣金零件可分为以下三类:(1) 具有气动力外形的零件,包括飞机机身、机翼、尾翼和进气道的蒙皮等;(2) 骨架零件,包括纵向、横向和斜向构件,如梁、桁条、隔框、翼肋等;(3) 内装零件,包括燃料、操纵、通信等系统以及生活服务设施中的各种钣金件,如油箱、各种导管、支架、座椅等。

从形状结构上,飞机钣金零件可分为板材零件、型材零件和管材零件三大类,其中针对板材零件的主要成形技术有拉形成形、喷丸强化/成形、旋压成形、橡皮成形、超塑成形/扩散连接等,如图 3.7 所示;针对型材零件的主要成形技术有滚弯成形、拉弯成形和压弯成形等;针对管材零件的主要成形技术有弯管、扩口和缩口成形等。

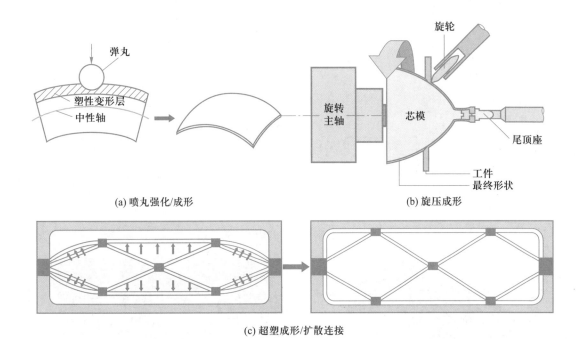

(a) 喷丸强化/成形　　　　(b) 旋压成形

(c) 超塑成形/扩散连接

图 3.7　针对板材零件的主要成形技术

3. 复合材料构件成形

复合材料构件成形属于增材制造。复合材料构件从原材料到形成制品的过程一般可描述为:首先将赋予一定形状的物料或浸料铺贴到敞开式或封闭式模具内;然后通过一定的方法,使树脂流动浸渍增强材料;再通过一段时间的常温固化,或在封闭的容器(热压罐、烘箱等)内对其按一定规律加压、加温,持续一定的时间,使之由流态变为固态,即固化;之后,脱模,对制品进行必要的辅助工作即制成最终的产品。

图 3.8 所示为树脂基复合材料构件成形方法,图 3.9 所示为一些典型的飞机复合材料构件。

4. 3D 打印

3D 打印属于增材制造。3D 打印是基于离散–堆积原理,融合了计算机辅助设计、材料加工与成型技术,以数字模型为基础,通过软件与数控设备将材料按照零件三维外形逐层堆积,从而制造出实体物品的制造技术。目前,根据采用的热源不同,金属增材制造技术主要包括三类:激光增材、电子束增材和电弧增材;根据原料分类可分为铺粉(粉床)、吹粉(同轴、旁轴)和

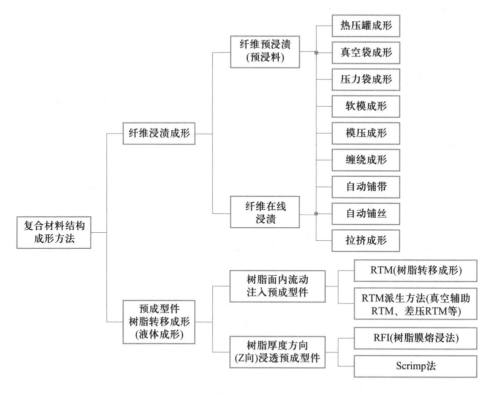

图 3.8　树脂基复合材料构件成形方法

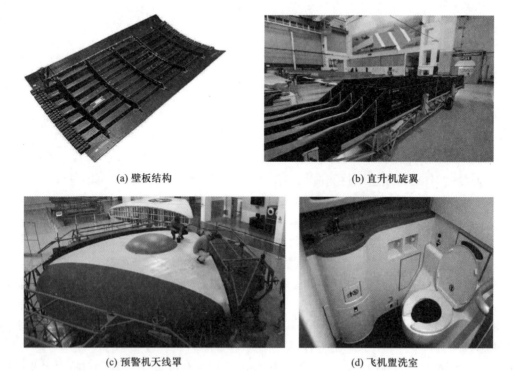

(a) 壁板结构	(b) 直升机旋翼
(c) 预警机天线罩	(d) 飞机盥洗室

图 3.9　典型的飞机复合材料构件

送丝三大类。电弧增材制造技术（wire and arc additive manufacturing，WAAM）是一种以电弧为热源，采用逐层熔覆原理，将熔化的丝材逐层沉积，根据三维数字模型由线-面-体逐渐成形出金属零件的先进增材制造技术。与激光、电子束增材制造相比，电弧增材材料利用率和沉积效率高，且无需密闭真空腔，设备制造成本低，在大规格结构件制造中具有广阔的应用前景。英国克兰菲尔德大学采用该技术制造了典型的铝合金、钛合金、高温合金航空结构件，如机翼翼梁、起落架支撑翼肋等，如图 3.10（a）和（b）所示，并于 2016 年制造出当时世界上最大尺寸的长度为 6 m 的铝合金框梁增材结构件。

(a) 机翼翼梁   (b) 起落架支撑翼肋

图 3.10　电弧增材制造典型构件

3.3.2　装配制造技术

1. 装配工艺

在飞行器装配过程中，首先需要将各个零件按照一定的顺序进行组合，形成组件，然后将各组件逐步装配成复杂的段件和部件，最后将各部件对接，形成飞行器整机产品。装配时，要求每个参加装配的元件准确定位，以保证装配结构的尺寸和外形的准确度要求。在装配过程中，由于许多元件的刚度低易变形，为防止变形，并保证定位准确度的要求，常采用多定位面的"超六点定位"。定位完成以后将零部件进行固定夹紧，并进行连接。飞行器机体上连接方法的选用主要取决于各部件的结构及其构件所用的材料，目前应用较多的连接方法有铆接、胶接和螺栓连接，随着航空材料和飞行器结构的发展，一些新的连接方法如电子束焊、扩散连接等也已有所应用。

2. 虚拟装配技术

虚拟装配（virtual assembly，VA）技术是指利用虚拟现实技术、计算机工具、人工智能技术和仿真技术等构造虚拟环境，通过分析，预测产品模型，对产品数据进行交互分析并仿真产品装配过程和装配结果。其具体内容包括工艺规划、仿真模型构建、仿真优化、装配干涉仿真、装配顺序仿真、人机工程仿真、工艺布局仿真。由于存在零件制造误差、工装制造误差，所以在飞机装配中可能会出现装配不协调、连接变形等，虚拟装配可基于实测模型进行数字化装配，通过对每个装配件的关键特征进行采集、分析，提取实际关键尺寸，根据虚拟技术进行实测值的预装配，提前发现干涉和不协调问题，分析出最优协调结果，将零件最优装配姿态反映在实际装配中，从而进一步提升装配质量。

3. 装配平台技术

通过装配平台技术的研究，引入先进的装配平台设计理念与制造方法，建立一个以柔性工装、数字化装配设备和计算机信息技术相融合的装配平台体系。

（1）大型装配平台结构设计技术

大型装配平台结构设计技术主要是为了在飞机生产中建立部件装配数字定位体系，开发新的工艺装备技术，构建大部件对接数字定位通用平台。同时，通过大型装配平台结构设计，建立一套飞机大部件数字化对接平台设计规范，提高飞机制造数字化生产技术水平。

（2）大型装配平台系统集成设计技术

在大型装配平台上，设计具有气源、电源、液压控制、测量控制等系统，能够满足飞机对接时的定位、制孔、连接功能（如图 3.11 所示），配备基本工具库，并存储一些专用工装、工具，使用方便，同时满足飞机总装配的工作要求。

(a) 柔性轨道制孔系统　　　　　　　　　　　(b) E2000自动钻铆机

图 3.11　飞机装配自动化制孔连接平台

（3）大型装配平台制造技术

大型装配平台制造技术主要在于建造具有通用性、高精度的装配基础平台，能够实现装配快速定位与精确控制，同时开发相关可以实现快速更换、具有一定数字化的配套设备。在总装配工作平台三维模型的基础上，运用数字化加工方法完成大型装配平台的制造。

4. 飞机装配过程建模与仿真优化技术

飞机装配过程建模与仿真优化技术作为先进的系统评价与优化工具，可以对整个制造系统进行深入地分析评价与优化，其步骤如下：首先，结合飞机装配工艺路径规划、装配物料清单和实际的装配路线布局，采用多粒度建模方法对飞机装配线进行 1∶1 虚拟建模，通过仿真评估模块对仿真模型进行有效性评估，保证所建立的飞机装配模型能满足后续的在线仿真和优化的需要；其次，分析和评估该装配的制造能力，确定装配瓶颈环节，然后根据要求进行优化，根据优化结果修改模型，直到方案满足给定要求；最后，对满足条件的飞机装配过程仿真模型进行在线仿真，实时数据由 MES 采集得到，包括人员工作状态信息、物料状态信息、工件状态信息、测试设备状态信息、物流状态信息和装配进度信息等，由这些实时数据驱动仿真模型运行，并实时比对当前的工作进度和仿真进度。飞机装配过程建模与仿真优化技术的体系结构如图 3.12 所示。

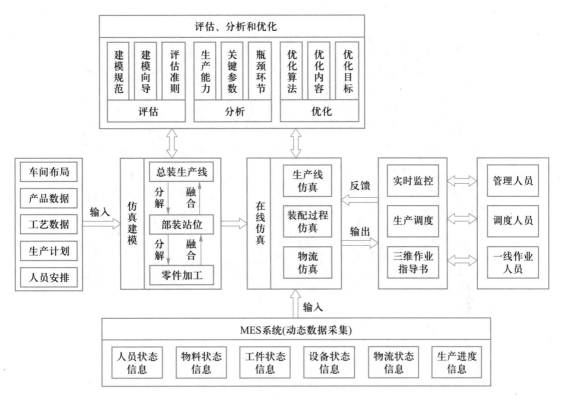

图 3.12　飞机装配过程建模与仿真优化技术体系结构

3.3.3　制造中的数字化与智能化技术

1. 数字化设计技术

数字化设计（digital design）是指利用计算机和信息技术进行产品设计的过程，即在产品建模、模型分析、设计优化、产品数据管理等一系列设计工作中采用数字化技术，并生成虚拟产品样机和设计文档。数字化技术支撑下的产品协同设计、网络设计、并行设计和系统数据管理，大大提高了设计工作的效率；而有限元分析、各类优化技术使得优化后的产品模型有着更精确的结果；生成的虚拟样机能够支持产品功能、性能、可靠性以及可制造性、可装配性、加工成本的早期分析，从而改变产品传统的开发过程中采用的设计—制造—测试这一串行工作模式，在设计环节就可为整个产品开发过程提供决策。

计算机辅助设计（computer aided design，CAD）、计算机辅助工程分析（computer aided engineering，CAE）和产品数据管理（product data management，PDM）是数字化设计的三大主要核心技术。图 3.13 所示为飞机的数字化设计实例。

2. 数字化制造技术

数字化制造（digital manufacturing）是利用计算机和信息技术进行产品制造的过程，即在工艺过程规划、工装夹具准备、原材料采购、生产调度、数控程序编制、数控加工、产品检测等制造流程中采用数字化技术，并加工形成最终的产品。在加工机床、控制系统、辅助工装等硬件工具和数控程序编制、工艺过程规划、工艺数模及设计等计算机软件的共同支撑下，数字化制造

图 3.13 飞机的数字化设计实例

通常比传统制造有着更高的效率和精度,也更绿色环保。

数字化制造中的核心技术包括:计算机辅助制造(computer aided manufacturing,CAM)、计算机辅助工艺规划(computer aided process planning,CAPP)、计算机数字控制(computer numerical control,CNC)等。图 3.14 为整体叶轮数字化制造过程。

图 3.14 整体叶轮的数字化制造过程

此外,产品开发过程中还涉及订单管理、供应链管理、库存管理、设备管理等管理环节。这些环节与产品开发密切关联,直接影响到产品开发的效率和质量。在计算机和网络环境下,可以实现管理信息和管理方式的数字化,这就是数字化管理(digital management)技术。

为适应现代制造工业的发展,也应运产生了产品数字化集成开发的思想和技术,主要包括:柔性制造系统(FMS)、计算机集成制造系统(CIMS)、敏捷制造(AM)、精益生产(lean production,LP)、并行工程(CE)、虚拟制造(VM)、网络化制造(Web-M)和产品全生命周期管理(PLM)等技术。这些新思想和新技术进一步丰富和完善了数字化制造技术的内涵,促进了制造业的进步。数字化设计、数字化制造、数字化管理的紧密集成是目前航空产品研制的显著技术特征。

3. 数字化检测技术

数字化检测(digital inspection)是通过数字化的测量设备对产品外形、尺寸、位置进行测量后,将测量数据与设计要求或者设计数模进行比较,得到各检测要素的位置、形状和尺寸偏差,最终获得产品质量评价的一项技术。新的高精、高效制造技术的涌现总是伴随新的数字化检测技术的发展和突破。一方面,数字化检测可以作为产品制造完成后制造质量检验的手段,另一方面,数字化检测也越来越多地融入产品的制造流程之中,实时将产品制造状态的数字化检测结果反馈给制造执行系统,从而为当前工艺过程的自适应调整或者下一工艺过程的决策提供依据。数字化检测技术是测量装备、测量方法、计量技术、公差理论、数字几何处理方法等的综合。图 3.15 所示为整体叶轮的数字化检测实例。

数字化检测技术需要通过测量手段从实物上采集数字化信息,目前航空产品设计制造中使用的数字化测量手段主要有:三坐标测量机、激光跟踪仪、激光雷达、结构光扫描仪、工业 CT等。这些数字化测量技术和装备在数字化设计、数字化制造、智能制造以及产品质量保证中发挥着十分重要的作用。

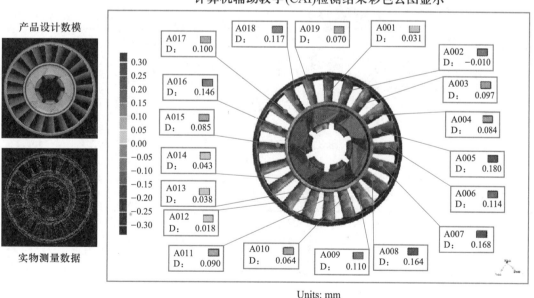

图 3.15 整体叶轮的数字化检测实例

4. 智能制造技术

智能制造是智能技术与制造技术的融合。智能制造是一个广义的制造技术和制造范式的概念,其目标是充分利用先进的信息技术优化产品生产。智能制造涉及的关键技术包括但不限于物联网(IoT)、网络物理系统(CPS)、云计算和大数据分析、数字孪生技术、机器人应用技术等。这些技术与制造方法相结合,开创了各种被视为智能制造家族一部分的制造范式,如支持IoT 的制造、云制造等。所有这些制造技术所包含的一个共同本质是数据,基于大量的数据积累和智能决策,可以将制造技术提高到一个全新的水平。根据制造数据可以捕捉和分析产品生命周期各阶段的信息,例如材料特性、工艺温度、机床振动水平等。如何获取数据及获取哪些类型的数据,以及从数据分析中期望得到什么是数据驱动的智能制造研究需要解决的问题。为此,需要广泛地纳入各类传感器件构成信息监测系统,以捕获制造系统生成的制造数据。对采集到的数据进行进一步分析,进而将其转化为优化决策,以提高制造系统的性能。与传统的基于模型的制造不同,这种闭环的制造形式体现了数据驱动制造的基本范式。图 3.16 所示为智能制造系统的架构。

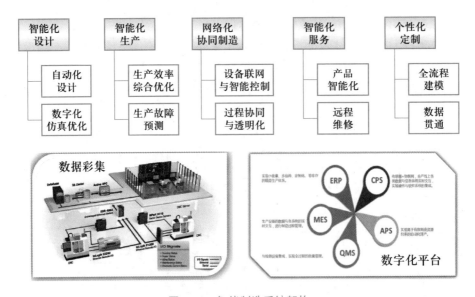

图 3.16　智能制造系统架构

3.4　南京航空航天大学飞行器制造专业的特色

3.4.1　钣金成形技术

1. 温/热成形技术

南京航空航天大学于 20 世纪 70 年代开展钣金温/热成形研究,是国内最早开展温/热成形技术的单位之一。温/热成形技术是利用金属板料在加热条件下刚度降低、塑性提高的特性来进行成形的一种工艺方法,根据成形时温度不同可分为温成形技术和热成形技术。与冷成形工艺相比,温/热成形技术能提高钣金零件的塑性,可以成形更大拉深比、更复杂的零件,提高板料的贴模度和钣金零件的成形精度。因此钣金温/热成形技术不但可以应用在航空航天领域,而且在汽车工业中也得到越来越广泛的应用。主要成果有:突破了难变形材料成形性差的难题,提出了难变形金属材料宏微观耦合的本构理论,建立了成形过程中失稳模型,实现了金属成形规律及缺陷预测及控制方法,相关技术已成功应用于某型航空发动机钛合金静子内环及钛合金空心轴的研制及生产、某型导弹的研制及生产、某新型飞机垂尾部件的研制及生产、某型核电装置的研制及某型航天器板材复杂气道的研制,并获得多项省部级奖励。热成形制造大型高精度航空钣金构件如图 3.17 所示。

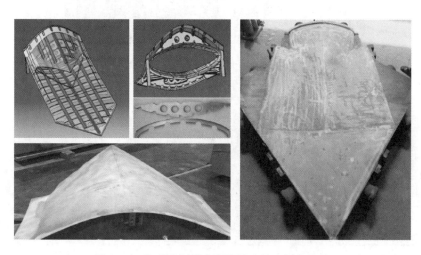

图 3.17 热成形制造大型高精度航空钣金构件

2. 超塑成形技术

本专业于 20 世纪 70 年代在国内率先开展研究钛合金的超塑成形,是国内最早研究超塑成形技术的单位之一。自 20 世纪 80 年代起就参与国家 863 超塑成形项目和大量型号研制项目,主要研究成果如下:(1) 自主研制了大型专用超塑成形/热成形机床及其加载系统,其综合集成了液压机、加热平台、气胀成形系统、检测系统,由计算机系统统一控制,系统集成创新度高,实现了对整个成形过程的精确控制,如图 3.18 所示;(2) 成功研制出具有国际先进水平和重要国防意义的超塑成形钛合金导弹壳体和翼舵面等典型结构件,如图 3.19 所示;(3) 突破了大尺寸结构件精确超塑成形(superplastic forming,SPF)技术,攻克了轨道交通地铁列车大尺寸铝合金件一体化精益成形关键技术及数字化成形装备技术,与国际著名交通制造商——英国Bombardier(庞巴迪)公司合作,制造出英国伦敦奥运会地铁车辆车体、立柱及门框等大尺寸超塑成形件,其中地铁立柱及门框超塑成形件如图 3.20 所示;(4) 在超塑成形技术基础上,本专业研究团队率先提出了扩散焊(diffusion bonding,DB)的概念,与超塑成形技术组合形成超塑成形/扩散连接技术(SPF/DB),能在一个工艺步骤中实现钛合金多层中空结构件成形。通过获得TC4 钛合金超塑成形最佳工艺参数,揭示超塑成形/扩散连接工艺参数对成形厚度分布及应力应变影响规律,成功制造出 TC4 钛合金四层板 SPF/DB 成形件及含预制块的钛合金 SPF/DB 成形件,如图 3.21 所示。

图 3.18 自主研制的大型专用超塑成形/热成形机床
及其加载系统

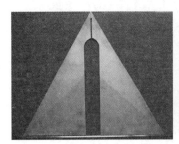   

图 3.19 超塑成形钛合金导弹壳体和翼舵面等典型结构件

图 3.20 地铁立柱及门框超塑成形件

3.4.2 飞机装配技术

1. 飞机装配准确度理论

我国飞机制造领域奠基人之一,南京航空航天大学飞行器制造工程专业创始人程宝蕖教

(a) 四层板SPF/DB成形件   (b) 含预制块的钛合金SPF/DB成形件

图 3.21　钛合金 SPF/DB 多层中空结构件

授创立了"飞机制造协调准确度与容差分配"理论与方法,相关研究成果出版多部专著,并编成飞机制造工艺手册、航空标准及国家标准,并于 1978 年获得全国科学大会奖,一直被广泛使用至今。图 3.22 为程宝蕖教授的部分理论专著。

图 3.22　程宝蕖教授部分理论专著

2. 机器人自动钻铆技术

本专业开展了以机器人为载体的装配技术研究,在机器人自动钻铆技术的各领域中取得了显著成果,所研制设备已应用在多种型号飞机的实际生产制造过程中,如图 3.23 所示。主要成果有:(1) 针对机翼、机身蒙皮与长桁、框肋等的零部件装配,研发了机器人自动钻铆系统。结合精度补偿与闭环控制技术,实现系统绝对定位精度在 0.3 mm 以内;系统搭载的多功能末端执行器具备基准检测、法向找正、制孔、送钉、铆接、吸屑等一系列钻铆辅助功能,实现装配过程的精确制孔与铆接,并应用于 J10 系列飞机批产。此外,首次用多机器人搭载电磁铆接设备,实现了双机器人自动制孔与协同电磁铆接。(2) 研制了适用自动钻铆系统高效作业的机器人自动送钉系统,采用视觉定位指定型号铆钉位置以及姿态,通过机器人将夹爪送至指定位置,并夹取铆钉送至指定位置,通过吹钉装置将铆钉送至末端进行铆接。该送钉系统具有高效、智能化等特点,相对于传统的送钉盘送钉,减少了人为准备操作,并极大地节约了成本。(3) 针对大型航空航天器装配需求,研发了移动式自动钻铆系统,以 AGV (automated guided vehicle) 为载体搭载钻铆系统,相对于上述自动钻铆系统其加工范围更广,加工作业更为灵活。通过检测

图 3.23 机器人自动钻铆系统

靶标检测来确定自身位置,实现在整个工作空间的地位,并结合基准检测,实现精确钻铆。该系统应用于天宫二号的加工装配研发任务。

3. 飞机大部件装配技术

本专业以飞机大部件的总装为对象,研究大部件装配中的数字化位姿跟踪测量、大部件对接测量控制网、柔性调姿系统、自动对接系统等。以我国大飞机制造关键技术攻关为契机,与中国商用飞机公司共同成立了民用飞机先进装配技术中心,致力于实现民用飞机数字化工艺、先进装配、精确制造等技术的突破及应用,本专业的飞机大部件对接装配作为技术中心的特色方向,多项成果填补了国内大飞机装配技术的空白。主要成果如下:(1) 提出了飞机大部件自动对接测量控制网的构建与位姿精确测量方法,实现了我国民用飞机大部件装配数字化测量的有规可循,为解决动态调姿误差修正问题提供了基础,如图 3.24 所示。(2) 开发了大型客机柔性装配系统用于 ARJ21–700 翼身对接,提出了飞机大部件自动对接的同步调姿方法,实现了大部件调姿基准点的连续自动跟踪测量,解决了翼身对接中人工引光不具备可操作性的难题,新方法位姿跟踪和自动搜索准确率高,并进一步实现了大部件位姿的连续调整,有效提升了大部件对接效率。(3) 针对 C919 大飞机异地制造大部件装配提出了装配界面预先测量、协调优化、原地调整的新模式,大幅减少了在线测量工作量,优化大部件对接装配流程,适应了异地协调的大飞机制造需求,解决了大飞机对接装配协调难的问题。

3.4.3 数字化设计制造技术

1. CAD/CAM 软件技术

本专业在 20 世纪 70 年代在国内率先开展了计算机辅助三维几何建模、有限元分析仿真理论和算法研究。主要成果如下:(1) "六五"期间开发了"BSURF 三维 CAD 系统"、"七五"期间开发了"工作站 BSURF–GI 交互式曲面造型系统"和"MSD 微机曲面设计系统",在当时均达到国内领先地位,主要功能达到 20 世纪 80 年代末期国际先进水平。20 世纪 90 年代,在国内率先研发了自主知识产权的"超人 CAD/CAM"三维数字化设计制造专用软件系统,1999 年获得国家科技进步三等奖,图 3.25 为基于超人 CAD/CAM 系统设计的某型号飞机全数字化样机曲面,图 3.26 为某型飞机全机几何模型重构。(2) 提出了建立变形与组织耦合的统一粘塑性材料模型,构建高温成形极限理论预测理论,开展钣金成形工艺的力学分析、成形过程的有限元仿真、模具的优化设计、板成形性能分析的研究,研制基于回弹补偿的钣金精密成形模具设计系统,建立基于知识工程技术的钣金零件模具智能设计系统和快速成形仿真系统,解决钣

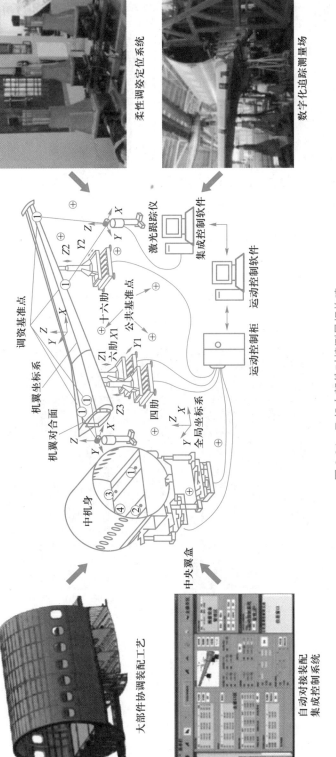

图 3.24 飞机大部件对接测量场构建

图 3.25 基于超人 CAD/CAM 系统设计的某型号飞机全数字化样机曲面 　图 3.26 某型飞机全机几何模型重构

金精密成形技术的关键技术难题,使钣金零件工艺设计制造从经验型向科学化、标准化转换,充分发挥先进成形设备效能,提高钣金零件数字化制造水平,适应现代飞机设计制造数字化体系的发展要求,提高快速研制和生产能力。相关技术成功应用于航空发动机进气道、尾喷管、叶片,大型火箭储箱瓜瓣,汽车覆盖件等领域,获得多项部级科技进步奖励。典型航空构件CAD/CAE 实现如图 3.27 所示。

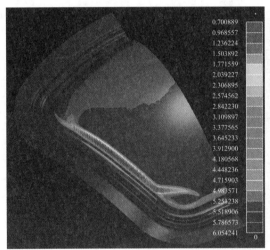 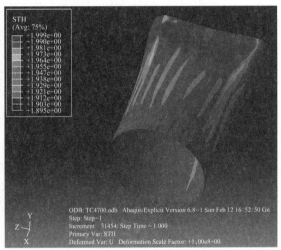

图 3.27 典型航空构件 CAD/CAE 实现

2. 数字化测量与检测技术

本专业 20 世纪初开始着力发展数字化测量与检测技术。主要成果如下:(1) 开展了数字化测量和逆向建模,在国内航空航天领域率先引入基于视觉的三维测量技术,提出了逆向工程中曲面自动重建的多元解决策略,将数字化测量技术首次应用于苏-27 全机数字化扫描和建模;(2) 开展了基于结构光的立体视觉重建,建立了瞬时随机光照和双目立体视觉相融合的三维重建模型,实现了瞬时随机光照下的自拼接快速三维轮廓测量技术,研发了表面密集点云快速测量系统 ReCreator(如图 3.28 所示)装备;(3) 开展了基于图像的三维测量,建立了面向大规

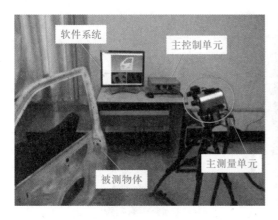
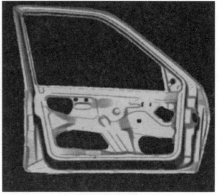

外形测量结果

图 3.28 表面密集点云快速测量系统 ReCreator

模图像序列的稳健多视图几何求解模型,实现了基于数码摄像的快速柔性低成本产品数据获取与模型重构技术,研发了全局三维坐标摄影测量系统 AutoLocator(如图 3.29 所示);(4) 开展了大视场下的动态视觉测量,建立了红外点光源离焦成像、自适应调光控制、中心高精度定位、多点视觉跟踪和位姿求解等一整套技术框架,实现了大视野内多目标靶点的现场动态检测校准技术,研发了大型装备位姿动态检调系统 MOVAB(如图 3.30 所示);(5) 提出了 CAD 模型驱动的在机多孔视觉检测理论,建立了基于多种构型数控机床的视觉检测后处理方法,研发了飞机零件导孔在机快速视觉检测系统 LIGHVIS–Online(如图 3.31 所示)。这些技术和装备广泛推广到沈阳飞机设计研究所、中国直升机设计研究所、沈飞公司、成飞公司、哈飞公司中,为我国新机型的研制提供了重要的技术途径。某型歼击机部件装配误差检测如图 3.32 所示。

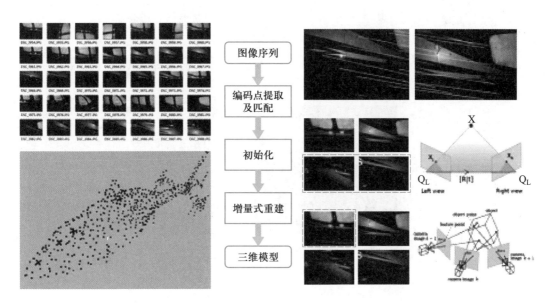

图 3.29 全局三维坐标摄影测量系统 AutoLocator

位姿动态调整软件界面

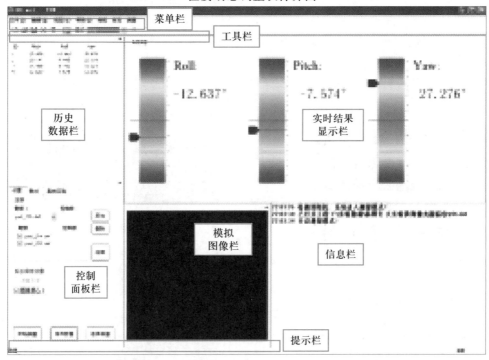

图 3.30 大型装备位姿动态检调系统 MOVAB

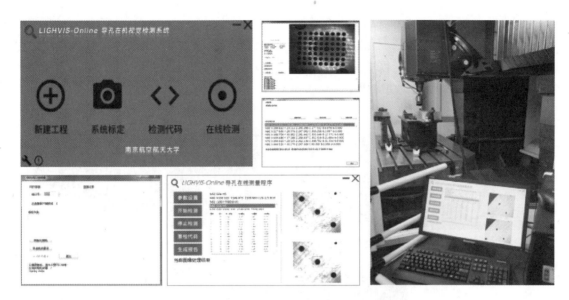

图 3.31　飞机零件导孔在机快速视觉检测系统 LIGHVIS–Online

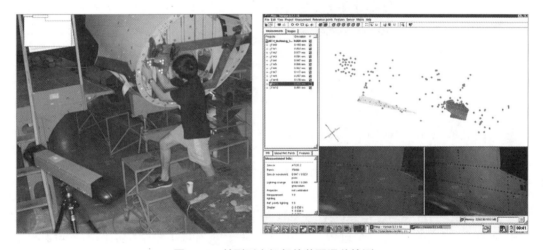

图 3.32　某型歼击机部件装配误差检测

3. 海量数据飞机外形反求技术

我国先进航空产品对气动性能、隐身性能以及结构性能的严格要求,使其对相关航空产品的制造精度提出了更高的要求。在航空航天高端装备产品的设计制造过程中,通常可以在现场使用三维扫描技术快速获取飞机零部件表面数据,对其进行高精度外形逆向重构,以便于进行数控加工、虚拟装配、有限元分析等。但是飞机结构的自身复杂性、扫描过程的数据质量缺陷以及扫描数据的大规模尺度,都为高精度反求建模带来了极大的挑战。主要研究成果有:探究了无结构扫描数据中噪声与特征的结构特性,提出了特征敏感的三维数据增强技术,为后续反求建模奠定了高质量数据基础;面向复杂飞机结构,挖掘了零件造型过程设计规律,提出了基于设计特征约束的模型重构方法与面向零件设计特征的参数提取方法,构建了基于特征约束的重建优化数学模型;针对目前重构算法在效率及精度方面局限性,揭示了三维模型几何结构的稀疏特性,建立了基于数据驱动的三维模型重建新框架,实现了复杂飞机结构的高精度三维重建。其中数据增强技术、模型重构理论等研究成果受到了美国、日本、德国、英国等国学者的密切关注。研究成果已成功应用于多个重点型号飞机研制生产中,如图3.33所示。

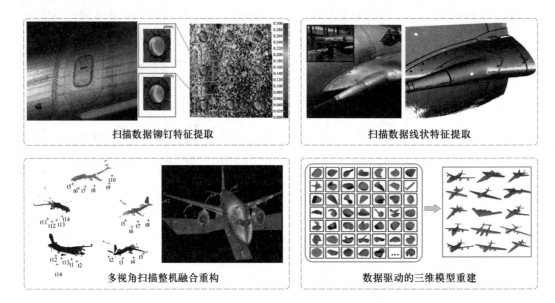

扫描数据铆钉特征提取　　　　　　扫描数据线状特征提取

多视角扫描整机融合重构　　　　　　数据驱动的三维模型重建

图 3.33　大型飞机全机特征提取与快速重构技术

4. 飞机复杂结构件数控加工动态特征技术

飞机复杂结构件的数控加工能力是衡量一个国家航空制造水平的重要标志。本专业于20世纪70年代就开展了复杂航空构件的数据加工工艺理论和装备的研究。

主要成果如下:(1) 发明了加工动态特征建模方法。揭示了加工过程中间状态几何参数、工艺参数、监测检测量等动态信息的动态关联规律和传递规律,提出了加工动态特征概念,突破了基于加工动态特征的加工全过程工艺知识建模技术,实现了复杂结构件工艺知识积累由以零件为载体到以加工动态特征为载体的模式转变。(2) 发明了加工动态特征驱动的数控加工自动编程技术。提出了基于特征识别信息的加工特征自动排序、加工全过程驱动几何自动创建、工艺参数自动迭代方法,构建了加工特征切削参数优化模型,实现了复杂结构件的快速编程和高效加工。(3) 发明了加工动态特征驱动的加工变形精确控制技术。提出加工过程中自适应释放和消除工件变形的加工模式,研制出能监测工件变形的浮动装夹工艺装备,突破了基于加工动态特征的装夹/加工/监测/检测自适应协同控制技术,实现了加工变形精确控制。面向航空航天大型结构件的浮动装夹自适应加工技术得到了德国、西班牙等国学者的系列跟踪研究。建立了飞机复杂结构件数控加工动态特征技术体系,为复杂结构件从计算机辅助加工到智能数控加工的跨越提供了理论和技术支撑,如图3.34所示。相关研究成果已成功应用于多个军民机型号的复杂结构件的研制生产。"飞机复杂结构件数控加工动态特征技术及应用"获2016年度国家技术发明二等奖。

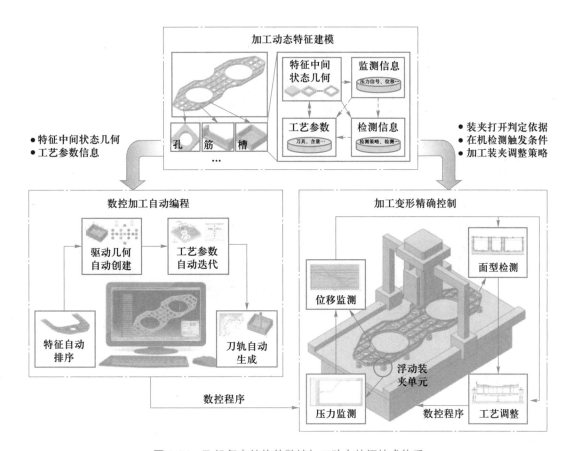

图 3.34 飞机复杂结构件数控加工动态特征技术体系

3.5.1 飞机零件制造技术发展趋势

1. 飞机结构件增材制造技术

高速飞行成为航空航天、武器装备等的重要特征之一,正推动航空航天飞行器的零件制造朝着轻质化、整体化、长寿命、高可靠性、结构功能一体化的方向发展。以激光选区融化、同轴送粉、机器人电弧熔丝等为代表的增材制造技术成为航空航天典型零件制造领域的研究热点。如空客 A320 吊舱拓扑优化设计的铰链支架采用增材制造技术后,在刚度提高、最大应力降低的情况下,实现减重 64%。空客 A380 机翼前缘 13 个拓扑优化的肋板增材制造后,实现单侧减重 250 kg,减重比高达 45%。Fairchild Dornier 728 飞机舱门支撑臂拓扑优化后,考虑结构的可制造性,在保证结构刚度基础上减重 20%,开发周期从原来的三个月缩短到三个星期,如图 3.35 所示。随着面向航空航天复合功能结构零件、复杂耐高温零件、多材料零件等极端环境下制造需求的出现,增材制造技术在未来将成为重要的制造手段之一。

图 3.35　增材技术制造的飞机典型结构件

2. 数据驱动的高性能零件制造技术

航空航天器的高性能需求对零部件的加工精度提出了更高的要求,如新一代飞机结构件的最大允许变形量减小了一个数量级,对现有制造技术及制造装备提出了严峻挑战。复杂构件加工过程的复杂性更高,建立加工过程的机理模型更加复杂,加工质量控制的难度更高。随着传感技术及信息技术的发展,基于监测数据的加工闭环控制成为提高复杂零件数控加工质量的一种有效手段。亟须研究数据驱动的建模方法,为智能数控加工奠定基础。制造数据中隐含了大量的制造知识和规律,通过积累加工过程中的数据,研究数据驱动的智能数控加工方法,数据驱动方法从大量加工数据中自主学习出数据驱动模型,能在一定误差范围内等效于复杂的机理模型,为加工工艺知识积累和进行工艺创新奠定基础,如图 3.36 所示。高性能制造大数据在航空航天等领域起着越来越重要的作用,通过数据采集、数据处理、数据分析和数据应用等大数据分析技术是实现制造精度和效率提升的有效途径,能提升加工过程中制造系统的自我状态感知、自主推理与决策能力。

大数据和人工智能技术是下一代工业革命的引擎。基于大数据和人工智能的方法在图像处理和语音识别等领域取得了颠覆性的创新成果,其研究成果在其他行业也逐渐展现了强大的溢出效应。近十年来,我国在高性能制造大数据方面也获得了较快的发展。在大数据采集、大数据处理、大数据分析等方面,一批新型先进大数据技术在我国得到发展;一批先进的新型、高效、优质、高精度大数据分析技术在机械制造业生产中大量采用。南京航空航天大学在数据驱动的建模方面也做了大量工作,包括基于深度学习的加工变形预测与控制、基于迁移学习的

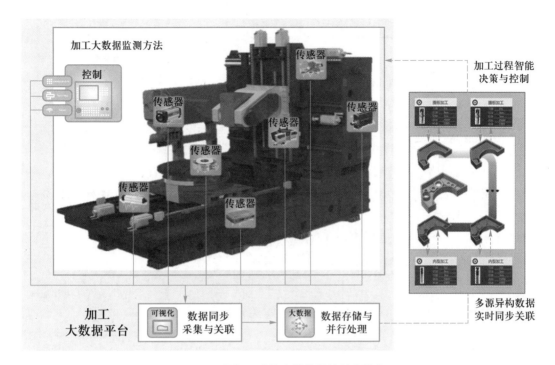

图 3.36 数据驱动的高性能零件制造技术

刀具点模态预测、基于元学习的刀具磨损预测等方面取得了很多研究进展。针对多零件类型多种加工工况,在跨分布小样本学习方面是未来研究的趋势。

3. 复合材料微波高压固化技术

随着航空航天飞行器追求极限性能对减重的迫切需求,复合材料因具有轻质、高强和可设计等优异性能,在飞机上的用量和应用部位已经成为衡量飞行器结构先进性的重要标志之一。传统热压罐固化成形采用电加热,传导加热从原理上存在难以成形大厚度与变厚度复杂构件、成形周期长和能耗高等问题,制约了复合材料在飞行器上的应用。复合材料微波高压固化技术具有升温速率快、温度滞后小、成形质量好、高效和节能等优点,具有广阔的应用前景,近年来受到国内外科研机构和航空航天企业的广泛关注,其原理图 3.37 所示。目前,致力于先进复合材料微波高压固化技术研发的国内外科研机构主要如下:(1) 2015 年 4 月,美国波音–英国谢菲尔德大学(Sheffield)联合实验室启动了先进复合材料微波固化重大项目研究计划;(2) 空客复合材料中心与德国卡尔斯鲁厄工学院(KIT)也正在合作研发复合材料微波固化装备。上述科研机构均致力于研发一个真空压下的微波固化炉,无法对微波固化过程中的复合材料进行有效压实,固化后的复合材料零件孔隙率高、力学性能差,无法满足航空航天高性能复合材料零件的固化要求。

南京航空航天大学从 2006 年开始对复合材料微波高压固化技术进行研究,揭示了微波系统与复合材料加热模式内在规律,建立了微波腔体、微波源、复合材料与加热模式的关联模型,发明了温度场多模式主动控制方法,提出了复合材料微波高压固化状态实时监控技术,发明了复合材料微波高压耦合技术,研发了具有自主知识产权的复合材料微波高压固化装备,如图

微波压力固化复合材料原理

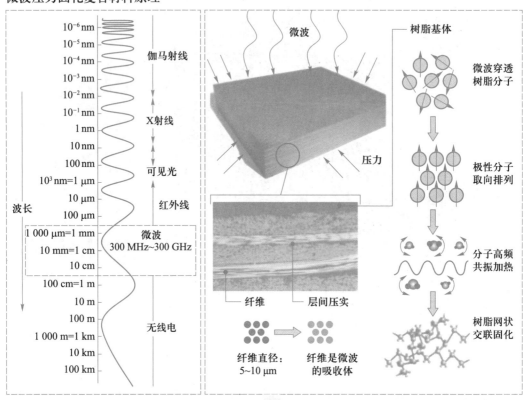

微波压力固化复合材料特点

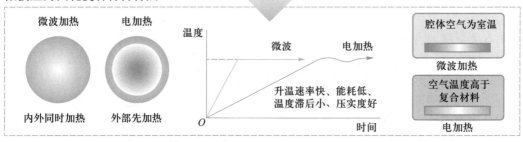

图 3.37 复合材料微波高压固化技术的原理与特点

3.38 所示,为航空航天等领域广泛应用的纤维增强树脂基复合材料构件的高质量、高效、低成本固化提供了理论和技术支撑。

4. 微结构功能表面的制造技术

微结构功能表面具有特定的拓扑形状,结构尺寸一般为 10~100 μm,面形精度小于 0.1 μm,其表面微结构具有纹理结构规则、高宽深比、几何特性确定等特点,如凹槽阵列、金字塔阵列解耦股等,这些表面微结构使得元件具有某些特定的功能,可以传递物理、化学性能,如黏附性、摩擦性、润滑性、耐磨性或者具有特定的光学性能等,在国防、军事、民用等的实际应用中具有很大优势,例如在航空、航天飞行器宏观表面加工出微结构,不仅可以减少飞行器的风

图 3.38 具有自主知识产权的复合材料微波高压固化装备

阻、摩阻,还可以避免结冰层的行程,同时表面的微结构还能起到隐身功能。目前微结构功能表面的主要制造技术如下:MEMS 技术,包括光刻技术、蚀刻技术、沉积技术、LIGA 技术等;特种加工技术,主要包括激光束技术、离子束、电火花、超声加工等加工工艺;复制技术,主要包括热压成形、模压成形、注射成形等技术;超精密加工技术,包括超精密金刚石车削、铣削、飞刀切削、金刚石砂轮成形磨削等。图 3.39 所示为整体叶轮叶片表面配置的微结构,图 3.40 所示为超精密车削加工现场。

图 3.39 整体叶轮叶片表面配置的微结构

未来的零部件设计与制造将会增加一项表面结构的设计与制造,通过在零件表面设计和加工不同形状的微结构,从而提高部件力学、光学、声学等功能,这将是微纳制造的重要应用领域。

3.5.2 飞机装配技术发展趋势

飞机自动化装配源于 20 世纪四五十年代,1948 年美国捷姆科公司在全世界第一个研发出自动钻铆紧固工艺,随后开发了单台式自动钻铆机。到了 20 世纪 80 年代,随着数控技术的发展,采用了半自动、全自动数控托架系统,单台自动钻铆机已经在波音公司获得广泛应用,壁板级自动钻铆程度已达 60% 以上。同期干涉配合技术、电磁铆接技术、孔强化及压印技术得到了快速发展,逐步结合到了自动钻铆设备中。自 20 世纪 90 年代初波音公司在发展波音 777 飞机过程中全面实施飞机数字化技术以来,自动钻铆技术与数字化技术紧密结合,自动钻铆机应用到了机翼翼梁、机身半壳体、筒形体、复合材料部件、机身对接、机翼对接等,波音和空客公司分别形成了多种机型、多种部件的自动化装配生产线,如图 3.41、图 3.42 所示。同期,波音公司开发了无毛刺制孔技术,被称为"精益钻铆"技术的一部分,可免除手工去毛刺和预装工序,大大提高了装配质量和效率,推动了自动化装配技术的发展。到 2000 年以后,随着飞机生产量的提高和以复合材料结构为主的机型发展,部装和总装移动生产线得到快速发展和应用,成为自动化装配技术发展最快的一个方面。

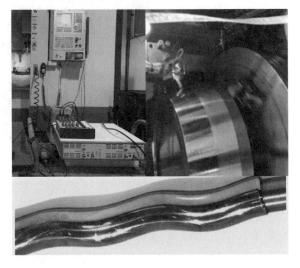

图 3.40　超精密车削加工现场

(a) C形框自动钻铆机　　(b) D形框自动钻铆机　　(c) 环形及MPAC自动钻铆机　　(d) E形龙门自动钻铆机

图 3.41　机身、机翼壁板类自动钻铆设备

图 3.42　脉动式生产线

随着激光测量技术、计算机控制技术、机器人技术、计算机网络和应用集成技术的飞速发展,国外波音、空客等先进飞机制造公司率先从人工装配和半自动化装配进入自动化、柔性化、数字化装配时代,将飞机装配技术推向了一个新的高度。飞机数字化装配以数字量作为产品定位与协调的依据,一般由激光跟踪仪、激光雷达等数字化测量设备实现对飞机部件的姿态测量,通过数控定位器组的协同运动实现对飞机部件的入位支撑、调姿与对接,由机器人或数控钻铆机实现对壁板的自动化钻铆,由数控机床完成对接交点孔的精加工.多个子系统或设备协同工作。各系统在运行过程中用到众多的装配对象及工艺设计参数,也产生了大量的工装运行数据、测量数据、装配质量评价等数据,为有效地管理这些结构上离散的装配工艺参数,需要为数字化装配系统构建单一的数据源,实现复杂离散制造过程的装配数据集成及装配任务的统一调度。

3.5.3 飞机数字化测量与检测技术发展趋势

随着航空航天制造业朝着高精度、高质量、高效率的方向快速发展,航空产品及装备的质量和性能要求越来越高。传统的测量和检测手段在精度和效率上存在不足,难以满足先进制造业的需求。发展数字化测量设备和技术,保证材料、结构件以及产品在生产制造和服役过程中的性能和质量,已经成为提高航空航天产品制造质量和效率的重要途径。

目前数字化测量设备和技术在面对航空航天大部件测量问题时仍存在精度限制,现有的测量理论、设备和技术与日益增长的航空航天测量需求仍存在一定的鸿沟,在一定程度上限制了航空航天制造业的进一步发展。根据目前数字化测量设备和测量技术的特点,未来数字化测量技术的发展趋势将主要集中于以下几个前沿问题:(1)复杂外形零部件的测量设备研制和测量技术研发;(2)大型航空零部件的测量方法;(3)易变性壁板类零部件的测量手段;(4)多种类型测量设备的联合测量方法;(5)基于智能机器人和无人机的测量技术、大型测量场构建及仿真分析技术、智能化的检测数据分析方法等。如图 3.43 所示为数字化测量与检测技术面对的新问题和新挑战,图 3.44 所示为数字化测量与检测技术发展趋势。

| **大尺寸测量** 数十米的大部件如何进行全型面快速自动化测量? | **高精度测量** 如何将整体点位误差控制在亚毫米级之内? |  待测结构尺寸大: 47 m×45 m×15 m |  检测效率要求高: 脉动式生产 |
| **高质量控制** 如何利用测量数据进行产品质量控制? | **海量数据分析** 如何对亿万级三维测量数据进行准实时分析? |  精度要求高: 0.01~0.1 mm |  大规模数据(百亿)处理: 准实时 |

图 3.43　数字化测量与检测技术面对的新问题和新挑战

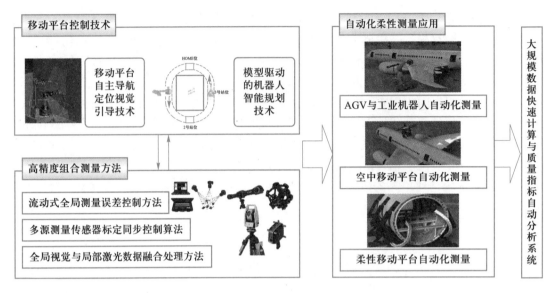

图 3.44 数字化测量与检测技术发展趋势

3.5.4 飞机智能制造技术发展趋势

飞机智能制造技术,主要指将传感技术、通信技术、计算机技术、网路技术等进行融合,利用感知、人工交互、执行等,完善产品的设计过程、制造过程、管理过程等,从而提高先进飞机的制造水平。我国的飞机制造业发展迅速,行业内对于飞机智能制造技术需求广泛,对其研究开发越来越重视,研究力度不断加强,部分研究成果已应用于飞机研制生产。

数字孪生是综合型智能制造技术之一,数字孪生的概念最初于 2003 年由格里夫斯(Grieves)教授在美国密歇根大学产品生命周期管理课程上提出,NASA 将其定义为:一个面向飞行器或系统的、集成的多物理、多尺度、概率仿真模型,利用最好的可用物理模型、更新的传感器数据和历史数据等来反映与该模型对应的飞行实体的状态。目前数字孪生已被应用到飞机生命周期各个阶段,包括设计、制造、服务与运维等,如图 3.45 所示。在飞机的设计阶段,利用数字孪生可以提高设计的准确性,并验证飞机在真实环境中的性能。飞机生产系统的数字孪生的主要目的是确保产品可以被高效、高质量和低成本地生产,它所要设计、仿真和验证的对象主要是生产系统,包括制造工艺、制造车间、管理控制系统等。数字孪生是一个高度协同的过程,通过数字化手段构建起来的虚拟生产线,将飞机本体的数字孪生同生产设备、生产过程等其他形态的数字孪生高度集成起来,形成智能生产系统(智能工厂)。

虚拟现实(VR)技术可以搭建一个沉浸式的三维虚拟环境,增强现实(AR)技术可以将虚拟模型、数据等信息叠加在现实的环境中。VR 技术和 AR 技术作为飞机制造的有效辅助手段,两者的综合利用称为混合现实(mix reality,MR)技术,MR 技术实现了真实环境和虚拟环境的匹配和合成,产生一个新的实时、交互的可视化环境,不仅可以给用户提供真实环境和

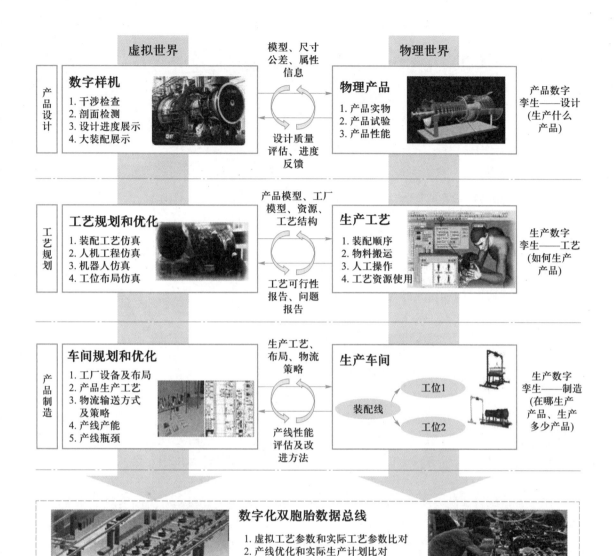

图 3.45　数字孪生在飞机全生命周期的应用

真实对象的信息,同时也可以提供虚拟环境和虚拟对象的信息,这两种信息相互补充、叠加,从而拓展了用户的信息获取范围,增强了用户对真实环境的感知能力,充分使用混合现实技术能够搭建一套虚拟飞机制造系统,能够实现对飞机制造所需的大量信息进行统一集中的管理。在飞机装配过程中,可以大大减少装配误差的产生,缩短装配时间,提高装配效率和质量。

本章简要介绍飞行器动力工程专业的范畴,教学安排,研究方法和手段,发展趋势以及南京航空航天大学的专业特色,重点介绍飞行器动力(航空发动机)工程师应具备的专业素质和能力、专业的知识结构和培养方案。

4.1　专业范畴

4.1.1　飞行器动力装置

飞行器动力装置是以发动机为核心,包括发动机及保证发动机正常工作所必需的系统和附件的总称。飞行器动力装置或系统主要包括以下几部分:发动机及其起动、操纵系统;燃油系统;滑油系统;防火和灭火系统;发动机散热装置;发动机固定装置;进气和排气装置。

用于航空飞行器的发动机通常也称为航空发动机。航空发动机是一类高度复杂和精密的热力机械,作为飞机的心脏,不仅是飞机飞行的动力,也是促进航空事业发展的重要推动力,人类航空史上的每一次重要变革都与航空发动机的技术进步密不可分。航空发动机被誉为"现代工业皇冠上的明珠"。

航空发动机是将燃料的化学能转变为轴功或飞机推进功的热力机械。在过去的 100 多年里,人类所使用的航空发动机主要可分为活塞式和喷气式两大类,如图 4.1 所示。喷气式发动机中,燃气涡轮发动机是当前主流的航空飞行器动力(如图 4.2 所示)。燃气涡轮发动机也是南京航空航天大学飞行器动力工程专业学习和研究的主要对象。

4.1.2　专业范畴

虽然不同类型飞行器动力装置的工作原理和结构有所不同,但根据国内外飞行器动力工业界和学术界的习惯分类,飞行器动力工程专业以飞行器动力(航空发动机)总体性能与部件气动热力学设计、结构设计、控制及其他子系统设计等为主要内容,培养具备飞行器动力装置原理、设计等方面专业知识,能在航空、航天、交通、能源、环境等部门从事飞行器动力装置及其他热动力机械的设计、研究、生产、实验、运行维护和技术管理等方面工作的高级工程技术人才。

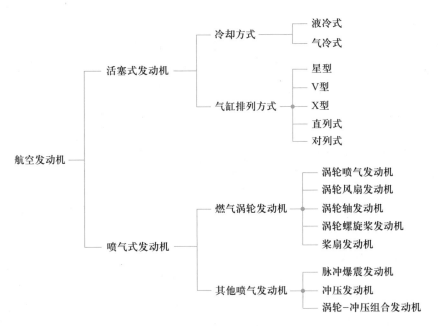

图 4.1 航空发动机分类

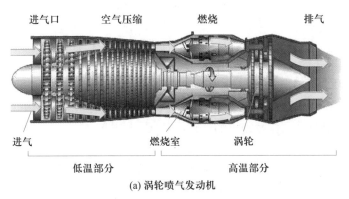

图 4.2 不同类型的燃气涡轮发动机

1. 航空发动机总体性能与部件气动热力学设计

一般来说航空发动机都是与装备的飞行器匹配设计的。发动机的设计技术要求是按飞行器的技术要求确定的。发动机作为飞行器的动力,其性能对飞行具有决定性的影响。

为了实现发动机总体性能设计的目标,通常需要根据发动机设计的具体情况解决以下几个方面的问题。

① 设计点循环参数的分析和确定

在选定发动机类型和给定发动机设计点性能目标值的基础上,通过一系列的发动机设计点气动热力计算和分析,找出满足发动机性能目标值和限制值的所有热力参数的集合(即可行域),然后从可行域中找出一组最佳热力循环参数作为发动机设计点的热力循环参数。

主要的发动机热力循环参数包括:涡轮前温度、节流比、总增压比、涵道比和风扇压比等。

② 非设计点性能计算和飞/发协调

为了判断发动机的热力循环方案是否能全面满足飞机的性能要求,必须开展飞机和发动机匹配计算。首先需要根据选定的热力循环参数计算发动机的高度速度特性和巡航特性,确定发动机的尺寸和重量;然后,按照飞机的飞行任务剖面图要求的任务和飞机极曲线的情况全面估算发动机的性能表现。

非设计点性能计算需要部件(如:风扇、高压压气机、涡轮等)的特性和发动机的调节规律。这就要求总体性能设计者要与部件和控制系统的设计者有效沟通、密切合作。

③ 发动机流路设计

发动机研发过程中,风扇、压气机、燃烧室、涡轮等部件往往是由不同的部门分别设计,这样就存在各部件几何尺寸的匹配问题。

在发动机总体性能设计中,要通过流路设计,协调风扇、压气机、燃烧室、涡轮、加力燃烧室等主要部件的流路尺寸,保证各部件能很好地协同工作,同时也为发动机总体结构设计提供依据。图4.3 显示了 CFM56-7B 发动机的流路示意。

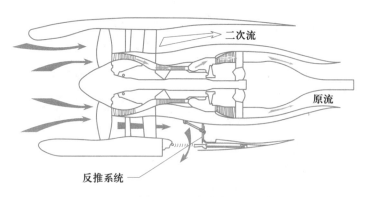

图 4.3 CFM56-7B 发动机流路示意

另外,发动机流路设计,还要就发动机的外廓尺寸和其他一些必需的参数与用户(飞机设计部门)协调。

不同类型的燃气轮机涡轮发动机,部件组成并不完全相同。而且,由于发动机的使用要求和特点不同,纵然是同名的部件,应用于不同类型发动机时的设计也可能有很大的差别。燃气涡轮发动机的每一个部件的设计和研究都是涉及多个学科的综合性问题的独立领域。

（1）进气道

由飞行器上的进气口（或发动机短舱的进气口）至发动机进口所经过的一段管道称为发动机的进气道。由进气道、控制装置、放气门、辅助进气门、附面层吸除装置和防止外物进入的防护装置等组成的系统，称为进气系统。

现代飞机飞行速度和高度变化范围大。歼击机还要经常在大迎角、大侧滑角状态下飞行。在一切飞行状态下进气道都应保证：发动机所需要的空气流量充足；进气总压损失小；流场均匀稳定；外部阻力低。高速状态性能好的进气道一般来说低速性能则要差一些，这在超音速飞机上尤其突出。在大迎角下进气道的性能显著恶化，流场不均匀性增大，以致引起进气道和发动机工作不稳定。此外，进口处的流场还要受到飞机其他部分，如机身、机翼的影响。进气道所占容积较大，对飞机的外形、内部安排以及其他部件的工作也有影响。图4.4为亚声速进气道，图4.5为超声速进气道流路示意图。

图 4.4　亚声速进气道

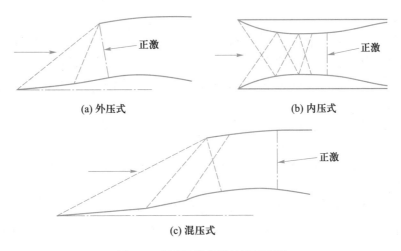

(a) 外压式　　　　(b) 内压式

(c) 混压式

图 4.5　超声速进气道流路示意图

（2）压气机

燃气涡轮发动机的风扇、低压压气机和高压压气机都属于压气机。

迄今为止，所有的热机都是通过高压、高温的工作物质膨胀对外输出机械功的。燃气涡轮发动机产生高温、高压工质所需的增压过程是通过压气机实现的。压气机的总增压比是燃气涡轮发动机的主要循环参数之一,对发动机的单位功或单位推力、耗油率有重要的作用。

另一方面,发动机的进气是压气机吸入发动机的。在一定的循环参数水平下,压气机吸入的空气流量决定了发动机的功率和推力。

轴流压气机典型结构如图 4.6 所示。

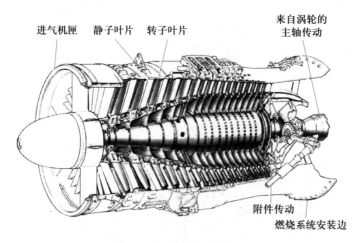

进气机匣　静子叶片　转子叶片　来自涡轮的主轴传动　附件传动　燃烧系统安装边

图 4.6　轴流压气机典型结构

为了满足航空燃气涡轮发动机的发展需要,风扇/压气机始终沿着高压比、高速度(包括气流速度和叶轮的旋转速度)和高效率的方向不断发展。风扇/压气机的总增压比已从 20 世纪 40 年代初的 3~4 发展到现在的 25~52。而且为了减少轴向长度和重量,风扇/压气机的级负荷不断增大。

(3) 燃烧室

燃烧室是燃气涡轮发动机的核心部件之一,实现发动机热力循环中的定压加热环节。因此,燃烧室的功用就是把燃料中的化学能通过燃烧的方式释放出来,转变为热能,使气体的总焓增大,提高燃气在涡轮和尾喷管中膨胀做功的能力。燃烧室的好坏直接影响发动机的工作与性能。

航空燃气涡轮发动机的燃烧室工作条件非常恶劣,主要表现为以下几方面:

● 气流速度高

从压气机出来的气流以大于 150 m/s 的速度进入燃烧室。然而,航空煤油燃烧的火焰只需 20 m/s 的风速就可以吹熄。

● 在很小的空间、很短的时间内燃烧完大量的燃料

火焰筒容积小,燃烧放热量大,必须有很高的容热强度[750~908 kJ/($m^3 \cdot h \cdot Pa$)]。

● 宽广的工作范围

由于发动机要在各种不同的飞行条件下及不同的转速下工作,所以燃烧室的稳定工作范围必然会变化宽广,即在燃料很少以及很多的情况下都能稳定工作。

航空煤油燃烧需要的空气/燃油比约为 15:1,而燃烧室的空气/燃油比通常为 40:1~130:1。

● 燃烧性能要求高

航空发动机对燃烧室的性能要求非常苛刻。无论在什么工作状态下,燃烧室都必须满足发动机正常工作的整体要求。这些要求包括:燃烧完全(海平面燃烧效率接近100%,高空燃烧效率也可达98%)、压力损失小(总压损失为3%~8%甚至更小)、点火可靠、火焰稳定、火焰抖动幅度不能太大、出口温度分布均匀、寿命长、排气污染低(主要污染物包括:未燃烧的燃油、碳颗粒、一氧化碳、氮氧化物)等。

因为要在很小的空间内燃烧完大量的燃料,所以要求充分利用可用空间,这导致航空燃气涡轮发动机燃烧室从单管燃烧室,到联管(也称"环管")燃烧室,再到环形燃烧室的逐渐演变,如图4.7所示。

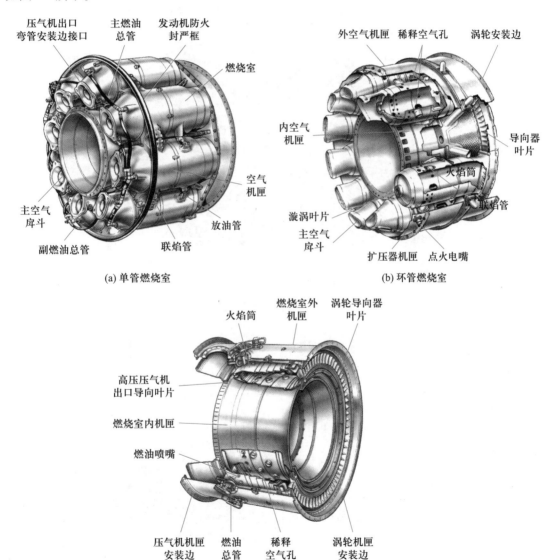

(a) 单管燃烧室

(b) 环管燃烧室

(c) 环形燃烧室

图 4.7　燃烧室主要类别

（4）涡轮

涡轮的任务是为驱动压气机和附件提供功率。当发动机不单纯用于产生推进喷气流的情况下，涡轮还为螺旋桨或旋翼提供轴功率。

从燃烧室出来的高温高压燃气在涡轮中膨胀推动涡轮对外输出机械功。在这个过程中，涡轮的结构要承受很大的应力，而且，为了工作效率高，涡轮转子可能在高于 460 m/s 的叶尖线速度下旋转。进入涡轮的燃气流的温度高达 850~1700 ℃，在涡轮部件中的燃气速度高达 760 m/s。发动机在更高的涡轮进口温度下工作，在热力学上效率会更高，具有更高的功率重量比。双轴对转涡轮如图 4.8 所示。

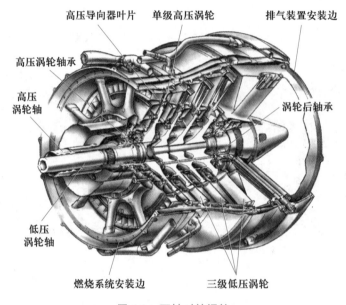

图 4.8　双轴对转涡轮

涡轮（尤其是高压涡轮）导向叶片、工作叶片和安装叶片的轮盘都在高温环境下工作，需要冷却。战斗机用的第四代发动机（如 F119）涡轮冷却所需的空气流量已经接近核心机流量的四分之一。冷却空气的引入会降低涡轮的工作效率，进而增大发动机的耗油率。未来，发动机的涡轮前温度有持续增高的趋势，发展耐热性能更好的材料和更高效率的冷却技术是减少冷却空气量、提高涡轮效率的关键。

（5）排气系统

排气系统的作用是把燃气按一定的速度和方向排出发动机外。基本排气系统如图 4.9 所示。

根据发动机系统方案的不同，排气系统的功能与设计也不同。排气系统的设计对发动机的性能有很大影响。喷管或排气口的面

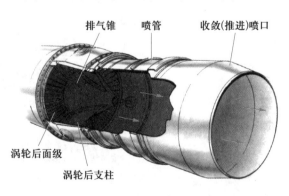

图 4.9　基本排气系统

积影响到涡轮进口温度、排气流的质量、流量、速度及压力。

依据发动机类型的不同,进入排气系统的燃气温度在 550~850 ℃之间,采用加力燃烧室时可达 1500 ℃,甚至更高。所以需要采用的材料及结构形式应能够抵御挠曲和产生裂纹,并防止向飞机结构的热传导。

有部分发动机的排气系统带有反推力装置或消声器,战斗机用的小涵道比涡轮风扇发动机的排气系统还有喷管调节机构。这些额外的功能配置都会使得系统的机构更为复杂。

2. 航空发动机结构设计

在航空发动机的研制过程中,结构设计是一个非常重要的环节,直接关系到发动机能否正常工作,能否保证达到设计指标(性能、可靠性、耐久性等),能否减少或避免重大故障等。结构设计是一项综合性很强、需要紧密结合实际的工作。

在结构设计中,一般要综合考虑气动、性能、传热、材料、工艺、强度、振动、装配、使用和维修等诸方面的问题,还要考虑实际制造与使用的具体条件,并结合国内外航空发动机的使用经验,进行权衡,才能得到较好、较适用的设计。这就需要从事结构设计的技术人员有广博的航空发动机各有关领域的专业知识,有较强的理论联系实际的能力,并对航空发动机的生产、试车和外场使用情况有较全面的了解,对国内外航空发动机出现的重大故障(包括故障现象、机理和排除措施等)也有所了解;而且要随时掌握和关心国内外其他航空发动机的研制和使用动态,及时吸收经验和教训,从而搞好航空发动机结构设计工作。结构设计工作的内容包括:结构布局设计,功能造型设计,力学造型(强度)设计和工艺性造型设计。结构布局设计包括发动机总体结构布局、部件结构布局、零件结构布局。由于设计目标的多元性及结构参数量太多且多变性,目前还不能用完整的数学模型来描述很复杂的具体结构,因而结构布局设计不能用数值计算的方法来决定,通常由结构设计者运用基本概念、专业知识和工作经验,通过分析、判断和折中来确定。结构布局的确定为下一步结构的具体设计限定了约束条件。结构布局设计是顶层设计,对产品设计成功与否、产品性能好坏有决定性影响。确定结构布局非常关键。

结构的具体设计包括造型设计,包括功能造型设计、力学造型设计和工艺性造型设计等。结构设计的出发点是功能造型,即构思零件的几何形状来完成构件需要完成的功能。然后要考虑选用合适的材料,并利用力学原理,合理使用材料,并使结构具有可接受的应力、变形和寿命,即结构必须具有足够的强度、刚度和寿命。强度设计是结构设计的主要内容,但不是全部内容。结构设计还要充分注意结构的工艺性。良好的工艺性,有利于制造高质量的零件,也有利于降低生产成本。

涡扇发动机的结构如图 4.10 所示。

3. 发动机控制及其他子系统设计

除了几大部件之外,发动机还需要众多子系统的支持才能正常工作。这些子系统对于发挥发动机的性能以及维持发动机运转的稳定、可靠和安全有至关重要的作用,是不可或缺的。

通常,燃气涡轮发动机的子系统包括附件传动系统、润滑系统、内部空气系统、燃油系统、起动和点火系统、控制和仪表、防冰系统、防火系统、推力反向系统、加力燃烧系统、垂直/短距起降系统等。

图 4.10 涡扇发动机的结构

（1）发动机控制系统

从实现的功能来看，有多个前述子系统可以归类为发动机控制系统的组成部分。

飞机要在不同的高度和速度下飞行，为了在飞行中保持发动机的给定工作状态，或者按照所要求的规律改变工作状态，都必须对发动机进行控制。所有这些只有依靠自动控制系统来完成。

飞行包线的扩展使发动机的特性变化很大。在此范围内，要高性能地满足飞机在各种飞行条件下的需要，可控变量就要多，控制系统也很复杂，不同类型、不同用途的发动机对控制系统的要求也不尽相同，而下述几个方面是最基本的要求：

① 保证最有效地使用发动机；

② 稳定工作，控制精度高；

③ 良好的动态品质；

④ 可靠性高，维护性好；

⑤ 可更改性好，满足先进发动机对控制不断增加的要求；

⑥ 控制系统结构简单，重量轻，体积小，安装方便等。

发动机控制系统按控制方式分类，可分为开环控制系统、闭环控制系统和复合控制系统等几类。

发动机控制系统按控制元件类型分类，可分为机械液压式控制系统、监控型电子式控制系统、全功能数字电子式控制系统等几类。

（2）润滑系统

发动机对润滑系统的要求是为所有的齿轮、轴承和花键提供润滑和冷却。它应当能够收集外来物，因为如果有外物留在轴承机匣或齿轮箱内，就会造成迅速的损坏。而且，滑油应当防护由非耐腐蚀材料制成的被滑润的部件。滑油应当完成这些任务而不致严重变质。

对涡轮螺旋桨发动机润滑系统的要求与其他类型的航空燃气涡轮发动机多少有所不同。这是由于涡轮螺旋桨发动机的润滑系统还要另外润滑载荷很大的螺旋桨减速器齿轮，并且还需要向螺旋桨桨距控制机构供给高压滑油。

大多数燃气涡轮发动机使用自容纳的循环式润滑系统。这类润滑系统将滑油分配到发动机的各个部位，并用油泵将滑油送回滑油箱。但是，也有些发动机使用一种可消耗的系统，即滑油润滑了发动机之后便溢出发动机外。

（3）内部空气系统

在发动机的内部,有一部分空气流不直接参与产生推力或对外输出功率的热力循环,但却对于发动机的安全和有效工作有不可或缺的重要作用。这部分气流相关的子系统为内部空气系统。

内部空气系统具有几项很重要的功能,包括:发动机的内部冷却、轴承腔封严、防止热燃气吸入涡轮盘的空腔、控制轴承的轴向载荷、控制涡轮叶片的叶尖间隙以及发动机防冰等。此外,该系统还为飞机的服务提供空气。发动机中内部空气系统的空气流量可能高达发动机核心空气流量的五分之一到四分之一。发动机内部空气流路示意图如图 4.11 所示。

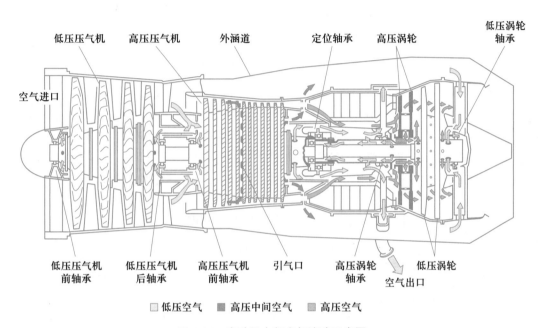

图 4.11　发动机内部空气流路示意图

（4）加力燃烧系统

加力燃烧是增加发动机基本推力以提高飞机的起飞、爬升及军用飞机的作战性能的一种方法,是在短时间内增加发动机推力的有效方法。

加力燃烧室在发动机涡轮和尾喷管之间喷入燃油并利用燃气流中的未燃烧的氧气来支持燃烧,其示意图如图 4.12 所示。加力燃烧可以大幅度地提高排气温度,从而使离开推进喷管的喷气速度显著增大,因此也增加了发动机的推力。

由于加力燃烧室的火焰温度很高(大于 1 700 ℃),通常要使火焰集中在喷管中心线的周围,以便保留一部分涡轮排气沿着喷管壁流动,从而使喷管壁面的温度保持在一个安全的数值。

对同一发动机来说,加力燃烧时与不加力燃烧时相比,需要更大的喷管面积。为了在开加力和不开加力的条件下都能正常工作,带加力燃烧发动机的喷管需要可变面积的喷口。

4.1.3　本专业在南京航空航天大学的历史沿革

南京航空航天大学的飞行器动力工程专业创建于 1952 年,经历了从面向发动机维修、

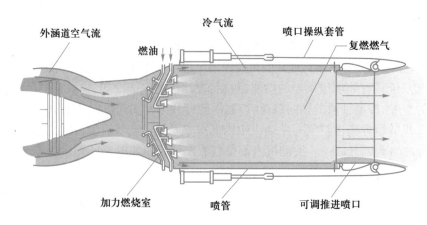

外涵道空气流　燃油　冷气流　喷口操纵套管　复燃燃气

加力燃烧室　喷管　可调推进喷口

图 4.12　加力燃烧室示意图

测仿到自主创新的人才培养历程,是"十一五"国家级特色专业,2013 年入选教育部"卓越工程师教育培养计划"专业,2016 年获批江苏省高校品牌专业建设工程,是国家新工科重点建设专业。所依托的国家重点学科"航空宇航推进理论与工程"是国防主干特色学科、全国首批博士学位和硕士学位授予权单位,建有航空发动机热环境与热结构工业和信息化部重点实验室。

飞行器动力工程专业在南京航空航天大学的历史沿革如表 4.1 所示。

表 4.1　飞行器动力工程专业在南京航空航天大学的历史沿革

年份	所在院系	专业名称(变迁)	备注
1952	活塞式发动机制造专科 喷气式发动机制造专科	活塞式发动机制造 喷气式发动机制造	主要培养航空发动机维修人才
1959	发动机系(二系)	涡轮喷气发动机(含冲压发动机) 火箭发动机(含原子能发动机) 航空发动机工艺	
1960	发动机系(二系)	航空发动机设计与制造 冲压式发动机 热工测量 火箭发动机设计与制造 原子能动力装置	
1964	发动机系(二系)	飞机发动机设计与制造	
1965	航空工业系(二系) 飞机发动机系(三系)	发动机制造工艺 飞机发动机设计与制造 航空发动机自动器	
1972	发动机系(二系)	涡轮喷气发动机设计与制造 航空发动机液压气压附件	

续表

年份	所在院系	专业名称(变迁)	备注
1980	航空发动机系(二系)	航空发动机设计 航空动力装置控制	人才培养与科学研究并重,1981年航空发动机专业成为我国首批具有博士和硕士学位授予权的专业
1985	动力工程系(二系)	航空发动机	
1986	动力工程系(二系)	飞行器动力工程	
1997	动力工程系(二系)	飞行器动力工程 民航飞机与发动机	
2000	能源与动力学院	飞行器动力工程	江苏省高校品牌专业建设工程,"十一五"国家级特色专业,面向自主创新型人才培养,科研上逐步形成特色,聚焦航空发动新技术和行业发展的国家需求

本专业围绕国家对航空发动机自主创新的重大需求,培养具有良好的科学、文化和工程素养,具有高度的国家意识和社会责任感,系统掌握专业基础知识、理论和技能,具有较强的创新意识、团队合作精神、工程实践能力和国际视野的飞行器动力领域专门人才。学生毕业后能够在航空、航天、民航等行业从事飞行器动力装置和其他热动力机械的科学研究、工程设计、生产运行和技术管理等工作;也可进入国内外高等院校、科研院所继续深造。

本专业已建成 CDIO 人才培养体系和国内领先的飞行器动力工程实验教学示范中心,专业排名稳居全国前列,是国内培养规模最大、声誉极高的航空动力人才培养基地,对我国航空发动机行业的发展做出了重要贡献。六十多年来,本专业培养了 10 000 余名毕业生。他们活跃在航空发动机设计所/企业的关键技术岗位上,成为我国航空发动机行业的主力军。

4.2　教学安排

飞行器动力工程专业本科阶段的主要学习任务是了解飞行器动力工程发展的历史、现状、前沿技术、理论及其发展动态,认识飞行器动力工程在国民经济发展和国防建设中的重要地位与作用,具备强烈的专业意识;系统掌握航空发动机的整机工作原理、结构原理、控制原理和强度分析方法,掌握叶轮机、燃烧室等部件工作原理,掌握航空发动机气动热力循环等基本设计方法;在总体性能与气动、结构强度与振动、系统控制与仿真、燃烧与传热中的一个专业方向具有特长,并进行科研实践。

4.2.1　飞行器动力的发展趋势

飞行器动力装置的主要功能是在飞行器上实现化学能、电能、核能等能量形式到机械能的转换。其类型包括活塞式发动机、涡轮发动机、冲压发动机等。如何高效地将其他能量形式转换为机械能是飞行器动力工程专业关注的焦点。为了达到此目的,保证结构可靠性和高效控制也是该领域技术发展的主要任务。

　　航空发动机被誉为"现代工业皇冠上的明珠",其设计、研发、生产和维护过程的技术难度大,对人才的素质要求高。当前,我国航空发动机产业已经从测绘仿制发展到自主设计。新形势下发动机行业对从业人员的创新能力要求更为迫切。飞行器动力工程是培养航空发动机高级人才的主要专业,如何培养学生的创新能力是该专业建设的重要议题。基于行业要求,结合国内外高水平大学飞行器动力工程专业创新型人才培养模式的特点,本专业人才除了具备过硬的政治思想素质和高尚的人格品行以外,还需要具备"厚基础、重实践、能创新"三位一体的专业素质。飞行器动力设计人才培养与飞行器动力发展的关联如图 4.13 所示。

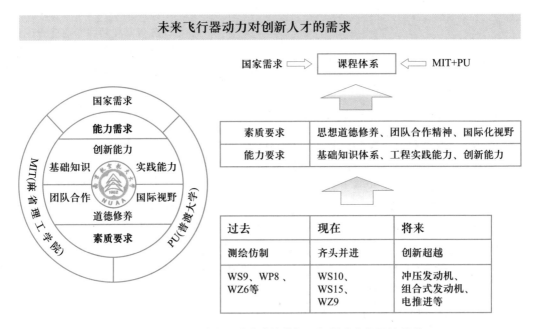

图 4.13　飞行器动力设计人才培养与飞行器动力发展的关联

4.2.2　能力要求

　　飞行器动力工程专业的培养目标是培养具有良好的科学、文化和工程素养,具有良好的职业道德和敬业精神,具有高度的国家意识和社会责任感,较系统地掌握飞行器动力工程的专业基础知识、基本理论和基本技能,具有较强的创新意识、团队合作精神、工程实践能力和一定的国际学术视野,具备一定的自主设计能力,能够在航空航天及相关领域从事技术研发、工程应用、工程管理、使用维护、科学研究或教育教学等工作的高素质专门人才。学生毕业后能够在航空、航天、民航等行业从事飞行器动力装置和其他热动力机械的科学研究、工程设计、生产运行和技术管理等工作;可进入国内外高等院校、科研院所继续深造。

　　作为一名未来的飞行器动力装置工程师,在校期间首先要培养过硬的政治思想素质和高尚的人格品行,在此基础上建立扎实的基础知识体系,培养工程实践能力,获得创新能力。

　　1. 基础知识体系

　　构建扎实的基础知识体系是本专业人才培养的基础。这里的基础知识体系包括:数学、力学、热学、电学、材料学、计算机等学科的知识。本专业人才培养的基本目标是让学生具备飞行器动力装置设计能力。根据现在本专业的一般认识，飞行器动力装置的基本原理是以流体为工作介质实现化学能到机械能的转化，掌握工程热力学、流体力学以及传热学等课程是进行设计的基础。飞行器动力装置通常工作在高温、高压和高转速下。为了保证动力装置具有足够的使用寿命和可靠性，设计者必须通过大量的结构变形和失效分析获得最合理的结构形式，并通过试验考核。因此毕业生必须具备材料力学、弹性力学、机械振动、发动机构造和有限元等课程的基础知识。此外，如何通过控制手段让飞行器动力装置依照飞行员的指令运行并达到最佳工作状态，也是本专业关心的问题。因此毕业生还需要掌握自动控制原理、发动机控制、电工电子技术等课程知识。

近年来工业互联网（工业 4.0）、信息技术、人工智能等与航空航天高度融合，对人才培养提出了新的挑战。但是国外著名高校仍非常重视基础知识体系的构建。例如宾夕法尼亚大学提出了航空航天本科课程的"五支柱"体系。该体系在传统的流体、推进、结构、导航之外将计算机和通信作为第五支柱。密歇根大学对"五支柱"体系进行了整合和扩展，指出以数学、物理为基础，以传统航空航天、电子工程、计算机技术、人为因素等为四个大的"支柱"。

2. 工程实践能力

基础知识体系给学生提供了解决问题的基本工具，而运用这些基本工具来解决工程问题需要毕业生具备一定的工程实践能力。因此工程实践能力培养的目标就是让学生尽量到飞行器动力装置设计、生产、维护的第一线去，了解工程实际的目标、方法及存在的问题。工程实践能力培养是避免"纸上谈兵"的重要途径。

工程实践的目标主要有两个，第一是让学生了解工程实际的目标、方法及存在的问题；第二是让学生学会运用所学知识来解决实际问题。工程实践培养的主要手段有：各类课程设计、基本能力训练、金工实习、校企实习、毕业设计等。

3. 创新能力

培养创新型人才是当前国家的战略，也是社会发展的需要。随着我国航空事业在世界上从测绘仿制到领跑地位的变化，飞行器动力工程的人才培养目标也随之发生变化，创新能力成为新形势下的培养目标之一。

创新是指提出有别于常规或常人思路的见解为导向，利用现有的知识和物质，在特定的环境中，本着理想化需要或为满足社会需求，而改进或创造新的事物、方法、元素、路径、环境，并能获得一定有益效果的行为。创新活动包括发现新的现象、规律、机理等，或者提出新的方法以达到更好的效果。

创新能力的培养和实践过程密不可分，本专业创新能力培养的主要途径包括：在毕业设计和各类课程设计中创新，在各种创新训练计划中创新，在各类科创竞赛中创新。

4.2.3 素质要求

要成为一名合格的飞行器动力装置设计师，除了具备扎实的知识和突出的能力外，还必须具有良好的素质，包括高尚的思想道德修养、团队合作精神、国际化视野等素质。

1. 思想道德修养

大学教育是教育体系中的最高层次，人才培养中的德育是大学承载的核心功能和价值。

《礼记·大学》早已提出:"大学之道在明明德,在新民,在止于至善。"大学教育只有始终遵从"明明德、止于至善"的理念,才能造就一代"新民"。作为集体中的一名成员,个人能力固然重要,然而"德"才是衡量个人能为集体创造多少价值的先行因素。司马光的《资治通鉴》中提出:"有才无德,小人也;有德无才,君子也;然德才皆具者,圣人也。"脱离了"德"字,一个"小人"越是有所谓的才华对国家和社会来说就越是危险。

本专业人才的思想道德修养主要包括以下几个方面。首先是端正的"三观",其次是涵养德行,最后是"家国情怀"精神。人的"三观"包括世界观、人生观、价值观,这是个人道德品质修养的思想基础。"三观"的形成一般由世界认知到人生理想再到价值取向,三者的关系是世界观决定人生观,人生观决定价值观。我们应该用马列主义和中国特色社会主义理论等先进思想武装头脑,尽快树立正确的世界观、人生观和价值观,成为思想意识领先的觉悟者。涵养德行的培养则主要包括"八德",即忠、孝、诚、信、礼、义、廉、耻。"忠"是忠于祖国和人民,"孝"是孝敬父母和长辈,"诚"是真诚待人处事,"信"是言而有信,"礼"是以礼待人,"义"是遵从社会道德,"廉"是廉洁自律,"耻"是清楚人格边界。"家国情怀"精神是上述正确三观和涵养德行在本专业的具体体现,表现为将国家民族的命运与个人前途相统一,将自己的知识、能力与青春奉献给中华民族的复兴大业。

2. 团队合作精神

团队合作精神对于本专业而言十分重要。因为当代航空发动机十分复杂,从结构上大致分为进气道、风扇、压气机、燃烧室、涡轮、尾喷管等部件,涉及气体、固体、传热、燃烧、控制、材料、制造、计算机等学科,仅凭个人无法完成所有部件和领域的设计工作,而团队化协作是完成复杂系统设计的重要方法。

本专业学生应该努力使自己具有个人魅力和领导气质,能够指出组织或团队的发展方向和目标,使团队成员充满工作热情,愿意为团队目标的实现竭尽全力。对团队成员有全面的认识,有效地应用群体运作机制,从而引导一个群体实现团队目标;有目的地创建相互依赖的团队合作精神,在团队之间合理有效地调配资源,加强不同目标和背景的团队之间的配合,以促成组织整体业务目标的实现;采取行动在组织中营造精诚合作与公平竞争的氛围;通过各种手段,如设计团队标志等,塑造健康优秀的团队形象,使组织或团队能被外界或有关组织认同或推崇。

3. 国际化视野

航空发动机是"大国重器",是大国之间博弈的重要砝码,我们需要具备广阔的国际化视野,不仅发展自己的技术,还要时时刻刻关注其他国家的进展,这样才能了解自己在全球的地位和水平,找到进一步努力的方向。其次,近年来全球的经济、军事、科技合作与竞争越演越烈,一个优秀的飞行器动力装置设计师需要具备国际学术交流的能力,建立国际化的学术交流圈,从国外积极汲取先进的设计理论、方法和试验技术,用于发展我国的发动机事业。

4.2.4 课程体系

从专业学习的角度,飞行器动力工程专业的主要学习任务如下:

- 掌握扎实的数学、物理等自然科学基本知识和良好的人文社会科学基本知识;
- 了解哲学、法律、经济学、管理学等方面的基本知识;

● 掌握扎实的力学、热力学、传热、燃烧、控制、电工与电子等学科基础知识,以及机械设计、工程制图等工程基础知识;

● 系统掌握航空发动机的整机工作原理、结构原理、控制原理和强度分析方法,掌握叶轮机、燃烧室等部件工作原理,掌握航空发动机气动热力循环等基本设计方法;

● 在总体性能与气动、结构强度与振动、系统控制与仿真、燃烧与传热中的一个专业方向具有特长,并进行科研实践;

● 了解飞行器动力工程发展的历史、现状、前沿技术、理论及其发展动态,认识飞行器动力工程在国民经济发展和国防建设中的重要地位与作用,具备强烈的专业意识。

1. 专业课程

紧扣行业"厚基础、重实践、懂设计"的人才需求,以提升学生"能动担当"专业能力为目标构建课程体系。学生在大一阶段主要学习高等数学、大学物理、工程图学、计算机基础等工科专业的通识课程。大二开始学习理论力学、材料力学、电工与电子技术和工程热力学等基础课。大三上学期学习工程流体力学、工程弹性力学、机械振动基础、传热学、自动控制原理等专业基础课。大三开始学生根据兴趣确定研究方向,并从"总体性能与气动""结构强度与振动""系统控制与仿真""燃烧与传热"四组选修课中选择课程。大三下学期到大四上学期进行航空发动机结构与分析、燃烧室原理、叶轮机原理、航空发动机原理、航空发动机强度、航空发动机控制原理、航空发动机总体设计七门专业核心课程的学习。大三与大四之间的暑假开展校企实习。大四下学期则主要开展毕业设计。本专业的专业学习进程如图4.14所示。

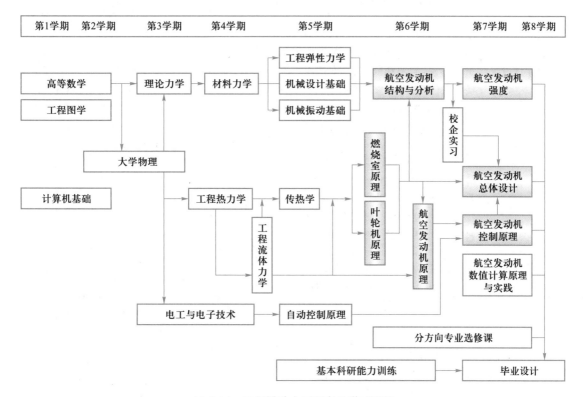

图 4.14 飞行器动力工程专业学习进程

2. 专业方向与课程安排

如前所述,飞行器动力工程专业又分为"总体性能与气动""结构强度与振动""系统控制与仿真""燃烧与传热"四个专业方向。不同专业方向之间的知识体系既有重叠,也有各自的特点。下面分别介绍四个方向的知识体系。

(1) 总体性能与气动方向

本方向与飞行器动力装置的总体性能与气动设计相关,其核心知识点有:航空发动机原理、叶轮机原理与设计、冲压发动机原理、火箭发动机原理、航空发动机总体设计、径流式叶轮机气动设计、飞机发动机一体化引论、工程流体力学、黏性流体力学、高超声速气动力学、工程热力学、现代流动测量技术等。每个核心知识点又包含若干知识要素,例如航空发动机原理由不同类型航空发动机的工作原理及特点、发动机总体性能参数、发动机各主要部件及其协同工作原理和性能分析、发动机设计点/非设计点性能的分析等要素构成,叶轮机原理与设计由平面叶栅流动特性、设计原理和方法,压气机基元级的工作原理及特性,涡轮基元级的工作原理及特性,压气机工作原理及特性,涡轮工作原理及特性等要素构成。航空发动机总体设计主要由航空发动机气动热力循环、总体参数设计优选、压气机设计、燃烧室设计、涡轮设计以及进排气系统设计等要素构成。表 4.2 给出了总体性能与气动方向的研究内容、核心和主要专业知识点和主要课程之间的关系。

表 4.2　总体性能与气动方向的研究内容、核心和主要专业知识点和主要课程的关联表

研究内容	核心和主要专业知识点		主要课程
推进系统内流气动热力学	流体动力学、相似理论、流动损失分析、附面层理论、气体力学基本概念和分析方法、激波和膨胀波、变截面一维管流;计算流体力学基础理论和基本方法、流体力学实验的基本原理、方法、流动测量技术、实验数据修正与处理	工程流体力学 叶轮机原理与设计 航空发动机原理 航空发动机总体设计	黏性流体力学 高超声速气动力学 工程热力学 现代流动测量技术 航空发动机设计中的数值计算原理与实践
部件工作原理与特性	平面叶栅流动特性、设计原理和方法;压气机基元级的工作原理及特性;涡轮基元级的工作原理及特性;压气机工作原理及特性;涡轮工作原理及特性;进气道/尾喷管工作原理及特性		径流式叶轮机气动设计 进气道原理及应用
整机工作原理与特性	不同类型航空发动机工作原理及特点、发动机总体性能参数、发动机各主要部件协同工作原理及特性、发动机设计点/非设计点性能分析		冲压发动机原理 火箭发动机原理 飞机发动机一体化引论
飞行器动力装置气动设计与评估	航空发动机气动热力循环、总体参数设计优选、压气机设计、燃烧室设计、涡轮设计以及进排气系统设计		径流式叶轮机气动设计

（2）结构强度与振动方向

本方向与飞行器动力装置结构设计相关,其核心知识点有:航空发动机构造、航空发动机强度计算、工程图学、机械设计、材料力学、弹性力学、机械振动、有限元理论、疲劳与断裂、复合材料力学等。每个核心知识点又包含若干知识要素,例如航空发动机构造由航空发动机的基本类型和发展趋势、典型结构受力分析、主要单元体结构设计需求、发动机总体结构方案强度与振动特性分析等要素构成,弹性力学由应力分析、应变分析、平面问题、三维问题、能量法等要素构成,有限元理论由等效积分方程、三角形单元、等参元、单元刚度矩阵、总体刚度矩阵、等效载荷计算、材料非线性等要素构成,机械振动由单自由度系统振动、多自由度系统振动、连续系统振动等要素构成。表 4.3 给出了结构强度与振动方向的研究内容、核心和主要专业知识点和主要课程之间的关系。

表 4.3　结构强度与振动方向研究内容、核心和主要专业知识点和主要课程的关联表

研究内容	核心和主要专业知识点	主要课程	
材料力学性能	高强度钢、有色金属、复合材料、材料物理性能、材料力学性能、疲劳与断裂	航空发动机结构分析与设计 叶轮机原理与设计 航空发动机原理 航空发动机总体设计	工程材料学 航空复合材料 结构疲劳基础及应用
结构计算理论	应力分析、应变分析、平面问题、三维问题、能量法、结构固有振动特性、强迫振动特性、强度理论		材料力学 工程弹性力学 机械振动基础及应用
结构计算方法	等效积分方程、三角形单元、等参元、单元刚度矩阵、总体刚度矩阵、等效载荷计算、材料非线性、结构优化算法		有限元基础 结构数值仿真实践
飞行器动力装置结构设计与评估	航空发动机构造的典型结构受力分析、主要单元体结构设计需求、发动机总体结构方案强度与振动特性分析、叶片强度计算、叶片振动计算、轮盘强度计算、轮盘振动计算、转子动力学		航空发动机强度 机械设计

（3）系统控制与仿真方向

本方向与飞行器动力装置控制系统设计相关,其核心知识点有:自动控制原理、航空发动机控制原理、航空发动机液压控制系统、现代控制理论、计算机控制技术、微机原理与应用、航空发动机传感器及测试技术、航空发动机试验技术、航空发动机控制系统数字仿真、航空发动机控制系统设计技术等。

每个核心知识点又包含若干知识要素,对其中几个知识点举例如下。

自动控制原理由自动控制的一般概念、控制系统的数学模型、线性系统的时域分析法、线性系统的根轨迹法、线性系统的频域分析法、线性系统的校正方法等要素构成;航空发动机控制原理由航空发动机控制系统的基本类型和发展趋势、航空发动机控制计划、航空发动机数学模型、航空发动机状态的稳态和过渡态调节控制、控制系统总体结构和航空发动机控制系统元

件等要素构成;现代控制理论由线性系统的状态空间描述、线性系统的可控性和可观测性、线性定常系统的反馈结构及状态观测器、李雅普诺夫稳定性分析等要素构成;微机原理与应用由计算机基础、微处理器指令系统及程序设计、微型机接口技术等要素构成;航空发动机液压控制系统由液压伺服控制系统的工作原理及组成、航空发动机中的液压作动机构、液压放大元件、液压动力元件、机液伺服系统、电液控制阀等要素构成。

表 4.4 给出了飞行器动力控制工程方向研究内容、核心和主要专业知识点和主要课程之间的关系。

表 4.4 飞行器动力控制工程方向研究内容、核心和主要专业知识点和主要课程的关联表

研究内容	核心和主要专业知识点	主要课程	
自动控制系统基本原理与技术	控制系统数学模型、控制系统分析与设计、基于计算机和微机的控制技术		现代控制理论 计算机控制技术 微机原理与应用
航空发动机控制系统基本原理与技术	航空发动机控制系统总体结构、航空发动机数学模型、航空发动机控制计划、航空发动机控制系统元件	自动控制原理 航空发动机控制原理 航空发动机原理 航空发动机总体设计	航空发动机液压控制系统 航空发动机传感器及测试技术
航空发动机控制系统设计、仿真与试验	航空发动机控制系统数值积分法、离散化方法、采样控制系统数字仿真、控制系统优化方法、航空发动机整机试验、结构完整性试验、适航符合性验证试验		航空发动机控制系统设计技术 航空发动机控制系统数字仿真 航空发动机试验技术

(4) 燃烧与传热方向

本方向与飞行器动力装置能量高效转换利用相关,其核心知识点有:航空发动机原理、工程热力学、热工测试技术、燃烧室原理、航空发动机燃烧技术、动力装置污染及噪声、计算燃烧学、传热学、航空发动机热防护、航空发动机空气系统设计等。每个核心知识点又包含若干知识要素,例如飞行器动力装置燃烧技术由化学反应动力学、预混燃烧与扩散燃烧、气体燃料燃烧、液体燃料雾化与燃烧、航空发动机主燃烧室、航空发动机加力燃烧室、污染物生成机理、燃烧数值计算等要素构成,飞行器动力装置高效传热技术由对流、导热、热辐射、发动机防冰技术、火焰筒冷却、涡轮叶片冷却、空气系统、传热计算方法等要素构成。表 4.5 给出了飞行器动力装置燃烧与传热方向的研究内容、核心和主要专业知识点和主要课程之间的关系。

3. 专业核心课程

专业核心课程是专业必修课中最重要的课程,飞行器动力工程专业的专业核心课程有 7 门,共计 19 个学分,理论课时为 288 个学时,如表 4.6 所示。

表 4.5　飞行器动力装置燃烧与传热方向研究内容、核心和主要专业知识点和主要课程的关联表

研究内容	核心和主要专业知识点		主要课程
飞行器动力装置燃烧技术	燃烧基本原理(化学反应动力学、预混燃烧、扩散燃烧、气体燃料燃烧、燃油雾化机理);燃烧室部件(主燃烧室、加力燃烧室);新型燃烧技术(低污染燃烧、脉冲爆震发动机、波转子发动机、组合发动机);燃烧计算方法;燃烧光学诊断方法;燃烧室设计方法	航空发动机原理航空发动机总体设计热工测试技术工程热力学流体力学航空发动机结构分析与设计航空发动机课程设计	燃烧室原理发动机燃烧技术动力装置污染及噪声计算燃烧学航空发动机设计中的数值计算原理与实践Ⅳ——燃烧
飞行器动力装置高效传热技术	基本热量传递方式(导热、对流、热辐射);发动机高温部件强化冷却(涡轮叶片冷却、燃烧室冷却、排气喷管冷却等);发动机防冰技术(热气防冰、热管防冰等);动力装置及其循环;发动机空气系统内流传热;传热计算方法;航空发动机热分析及其结构设计		传热学航空发动机热防护航空发动机空气系统设计

表 4.6　飞行器动力工程专业核心课程

序号	课程名称	理论课时	实践课时	学分数
1	叶轮机原理与设计	38	4	2.5
2	航空发动机结构分析与设计	50	12	3.5
3	航空发动机原理	38	4	2.5
4	燃烧室原理	32		2.0
5	航空发动机控制原理	44	8	3.0
6	航空发动机强度	30	4	2.0
7	航空发动机总体设计	56		3.5
	合计	288	32	19

4.3　研究方法与手段

　　航空发动机设计经历了(简化)理论分析和经验设计到半经验半理论的定量设计的过程,目前正在向基于精确数值仿真的定量设计过渡,而设计研制过程中也离不开各类试验研究、检验、评估和验证作为支撑。

4.3.1　理论分析与经验设计

　　燃气涡轮发动机内部的工质流动、化学反应(燃烧)、传热等过程及其结构的受力都是极其复杂的。虽然,理论上,可以通过流体力学、化学反应动力学、传热学、结构力学、弹性力学等学科的基础理论,构建控制方程描述发动机内部的流动、化学反应、传热及结构受力等现象,但

是,由于发动机内部流动及结构的复杂性,加上发动机所特有的复杂边界条件、初始条件以及不同几何尺度和时间尺度的影响,求解这类的控制方程至今仍然是难度很大、代价很高的工作。在 20 世纪 80 年代以前,计算分析能力要比现在差得多,更是不可能实现复杂控制方程的求解。

在长期的研究和工程实践中,基于人们对发动机及其部件的认识,形成了一些简化的理论分析方法。这些理论分析方法,结合系统的精确试验数据,可以在很大程度上弥补计算分析能力的不足,实现对发动机总体及部件的精确设计。

这些简化的理论分析方法至今在发动机及其部件的设计体系中仍然是不可替代的。

发动机总体性能设计计算广泛采用零维模型,如图 4.15 所示。零维模型把发动机的每一个部件都想象成黑匣子,通过由试验获得的部件特性把部件进口和出口的流动联系起来,并根据发动机各部件共同工作匹配的原理开展理论计算,确定发动机在特定工作条件下的性能。

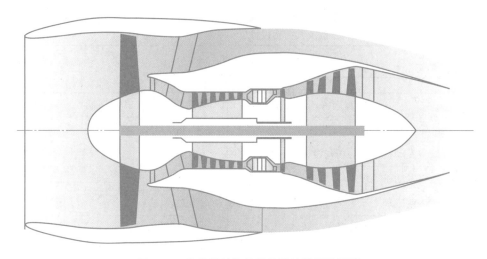

图 4.15　发动机总体性能设计计算零维模型

叶轮机部件(风扇、压气机、涡轮)的气动设计中,普遍采用从低维到高维的分层级的理论计算,如图 4.16 所示。结合长期积累的经验数据,一维理论分析确定叶轮机的总体方案和总体尺寸(preliminary design),两类流面的理论设计计算分别确定气流参数的径向分布和每个半径位置处的叶型。

燃烧室设计中也采用理论分析和计算,并结合经验公式和经验方法,确定燃烧室组织方案、流量分配和燃烧室总体结构尺寸。燃烧室流量分配如图 4.17 所示。

4.3.2　数值仿真

数值仿真也叫数值试验,通过数值计算的分析方法对发动机及部件的气动热力过程、结构强度与振动、控制系统等进行分析评估。数值分析和仿真可以替代或部分替代物理试验。随着数值仿真能力和精准程度的不断提高,大部分分析评估和优化设计工作可以通过数值仿真来实现,从而可以大大降低研制成本,缩短研制周期,提高发动机的设计效率。

发动机部件的气动热力和结构数值仿真,采用计算流体力学(CFD)、计算燃烧学、计算传热

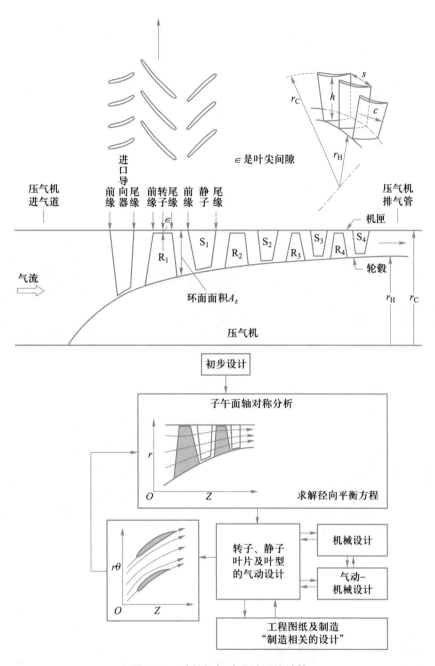

图 4.16 叶轮机气动设计理论计算

学、计算结构力学等学科的数值计算方法,对发动机部件(叶轮机、燃烧室、发动机转子)的流体流动过程、化学反应过程(燃烧)、传热过程、变形和振动过程进行计算分析,可以获得比传统理论分析和试验研究更丰富的信息,尤其是可以获得很多试验中不易测量的重要信息,已经成为发动机部件设计中不可或缺的关键环节,叶轮机流场数值计算示例、燃烧室数值计算示例、发动机转子结构强度和振动数值仿真示例如图 4.18 至图 4.20 所示。

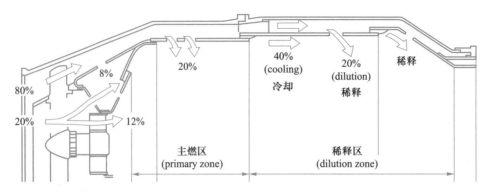

图 4.17 燃烧室流量分配

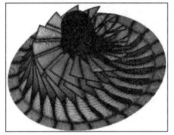

图 4.18 叶轮机流场数值计算示例

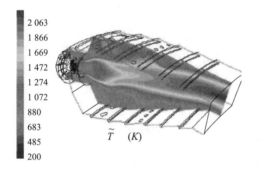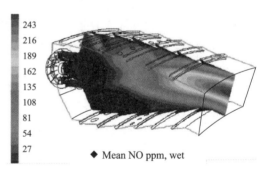

图 4.19 燃烧室数值计算示例

图 4.20 发动机转子结构强度和振动数值仿真示例

发动机的多学科综合仿真也受到越来越多的关注,有望推动发动机设计从"传统设计"向"预测设计"转变。例如:推进系统数值仿真(numerical propulsion system simulation,NPSS)通过把各学科、部件、高性能计算集成为界面友好的模拟环境,在设计阶段的初期,硬件制造之前,利用该集成系统进行新概念和试验难以模拟的问题进行广泛的计算评估,以达到减少先进推进系统研制成本和周期的目的。NPSS在满足稳定性、花费、全过程、可靠性要求的基础上提供快速和适用的计算,它所使用的模型涉及流体力学、传热、燃烧、结构力学、材料、控制、制造和经济等多学科领域,能为推进系统的前期设计在性能、操作性和寿命方面提供准确的参数。

近年来,随着人工智能技术的发展,"数字孪生发动机"技术展现出了光明的前景。"数字孪生发动机"技术的核心是通过整合数据与机器学习和软件分析功能,为设备、产品或实体创建虚拟副本,从而建立能与实际产品同步更新和变化的数字模型。该技术将复杂的现实场景映射到虚拟平台来改进和调整发动机的运行状态,还能更加有效地维护高度复杂的航空发动机。美国、英国、俄罗斯等航空技术发达国家的相关企业和研究机构已经启动了"数字孪生发动机"的技术发展计划。

4.3.3 试验研究

航空发动机是在高温、高压、高转速和高负荷等极为苛刻的条件下工作的复杂热动力机械,为了发展科学可靠的发动机设计分析方法,并保证发动机及其系统能可靠工作,必须进行多种严格的试验。尽管随着发动机各学科理论、技术、数值算法和计算机水平的快速发展,设计计算分析在发动机研制中起到越来越重要的作用,但当前设计计算方法仍不可能把发动机实际工作可能遇到的所有复杂环境和因素都考虑进去,离开试验要研制出工作可靠、技术先进的航空发动机是不可能的,发动机研制最终仍必须通过试验来考核和检验发动机的质量。而理论方法以及设计分析技术的改进、完善也需要通过大量试验来检验和验证。理论方法和设计分析技术的进步减少了发动机的试验工作,降低了研制成本,缩短了研制周期,但对试验和测试技术却提出更高的要求。

在发动机设计理论和技术研究以及发动机工程研制过程中,需要开展各种不同类型的试验,可以按照不同的标准对试验进行分类。例如按照试验目的来划分,试验类型可分为设计分析理论研究试验、性能评估试验、选型对比试验、鉴定/定型试验。按照试验层次来划分,试验类型可分为元件试验、零组件试验、部件试验、核心机试验和全尺寸发动机试验。按照试验测试性能来划分,试验类型可分为气动/性能试验、结构强度与耐久性试验、系统功能试验、可靠性试验等。按照试验场合来划分,试验类型又可分为实验室标准试验、实验室模拟试验和飞行试验。

1. 部件和发动机性能试验

航空发动机主要部件试验在发动机研制中占有重要地位,从调试发动机所需的运行时间来看,占总运行时间的 35% 左右。主要部件试验包括压气机试验,主燃烧室试验,涡轮试验,加力燃烧室试验,喷管试验,发动机整机性能试验。

(1) 压气机试验

压气机是在工质参数变化范围很宽的条件下工作的大功率部件,也是发动机试验中耗费最大、测试技术较复杂的部件,其试验任务十分广泛。

随着高增压比、高效率、低噪声、高抗畸变能力及高可靠性的压气机的研究,压气机试验技术有很大发展。诸如 NASA(美国国家航空航天局)采用高灵敏度测量仪表在相对流为超声速的叶片通道中产生强激波的情况下,测量外侧机匣上的静压;测量高载荷、高马赫数静子叶栅的损失大小和损失分布;采用激光双光束聚焦测速方法进行旋转叶栅气流流动过程及匹配的研究,用以校准和矫正跨声速叶栅气流的理论计算;测定压气机对进口畸变的反应和容忍能力,以扩大它在较大畸变下的稳定工作范围;测定减少压气机噪声诸方法的有效性;采用动态射线摄影测定叶尖间隙;采用全息显示技术测定导致叶片稳态和非稳态脉动的气动力并用以研究跨声速流中的激波运动以及进行提高压气机气动符合的试验研究等。

压气机试验在指导压气机的研究和设计、鉴定目标压气机的有效性以及确定压气机的改进效果等方面均是基础性的,是非常重要的研究工作,是检验设计的基准。

压气机试验的常规内容包括:①录取压气机的总性能和基元叶片性能;②测定压气机的稳定工作边界线,确定压气机的喘振裕度;③测取压气机进出口气流参数场和内部气流参数的分布;④进行压气机性能调试和诊断。

根据上述试验结果来判断压气机是否达到压比、流量、效率和喘振裕度的设计指标,为修改设计提供数据。

(2) 主燃烧室试验

在主燃烧室设计研制中,如发动机系列化改型、新机研制、高温升燃烧室设计以及浮壁式燃烧室预研,都必须开展燃烧部件的试验。燃烧室部件试验是达到整机试验的必由之路,是基础;整机试验不易获得的参数,如燃烧效率、熄火边界、流体损失等均能在部件模拟试验中得到。

随着航空发动机技术的发展,作为发动机的核心部件之一的燃烧室也进入飞速发展时期。主燃烧室的设计和发展,始终伴随并促进了燃烧室试验技术、方法和设备的发展。一些国家建立了大型燃烧室试验用气源和设备,改进并开发了诸如短环形燃烧室、变几何燃烧室、双环腔燃烧室、分级燃烧室、浮壁燃烧室和正在研究的主动燃烧控制、陶瓷燃烧室技术。这些燃烧室在使用中均进行了大量的型号试验、预研试验、调试试验和燃烧室组件试验等。

主燃烧室试验的常规内容包括:燃烧效率测定,熄火特性试验,压力损失测量,启动点火特性试验,出口温度分布测量,壁温测量,冒烟、排气发散和积炭试验,热冲击、强度和刚度试验。

(3) 涡轮试验

涡轮试验研究在航空发动机中始终具有非常重要的地位和作用,它不仅会对理论研究结果起到试验验证的作用,而且还能提供修正理论方法的可靠依据,从而进一步改进理论方法。世界航空发达国家的公司、研究机构都拥有一流的涡轮试验设备。

同为叶轮机,涡轮试验与压气机试验有很多相同之处。原理性的区别在于:压气机是由动力装置通过轴直接驱动,而涡轮是由具有一定压力和温度的工质驱动。涡轮试验中,涡轮产生的功率要由测功器等设备吸收,以保持转速和功率平衡。

涡轮试验除了要进行性能测量(效率和输出功率)外,由于涡轮承受燃烧室出口排出的高温燃气,所以,还要进行涡轮导向叶片和转子叶片的冷却试验研究。

应用涡轮性能试验设备可以进行的试验主要包括:①测量涡轮的流量特性、功量特性、效率特性、涡轮出口马赫数和绝对气流角,这些特性可供发动机总体进行高度速度特性计算之用,并可供分析涡轮非设计状态的性能及其变化特点;②测量设计状态下(或所研究状态下)涡轮基元级的性能参数和气流参数,诸如做功量、效率、反力度、导叶和动叶进、出口的气流角、马赫数、总温、总压和静压沿叶高变化、沿表面的马赫数分布或静压分布;③试验研究涡轮气动设计、动叶叶尖间隙和轴向间隙等对涡轮性能的影响;④研究变几何涡轮性能,即研究导叶可调对涡轮性能的影响;⑤试验研究叶尖间隙控制、涡轮冷却新技术的应用。

(4) 加力燃烧室试验

加力燃烧室技术的重大发展主要取决于设计改进和试验研究,诸如加力温度提高、高效低阻稳定器、优化进气方案、隔热和冷却、隐身与红外抑制技术以及供油改进等。

根据加力燃烧室发展的要求,新一代加力燃烧室主要开展以下几个方面的试验:

① 整体式加力燃烧室综合性能试验研究,诸如点火包线,内、外涵单独喷油,稳定器性能,混合器出口流场、温度场的试验确定、选型研究。

② 红外抑制技术效果试验验证,诸如加力燃烧室内部构件采用双层结构,如双层火焰稳定器、双层内锥和双层支板等抑制红外辐射的效果;采用波瓣形混合器的红外抑制试验测定;在喷管采用折流板遮挡加力燃烧室内腔的红外辐射试验研究等。

③ 新结构加力燃烧室振荡燃烧控制技术试验研究;漩流燃烧的试验研究。

④ 防振屏与隔热屏采用气膜冷却技术的试验研究;耐久性考核。

⑤ 加力燃烧室三维气相反应流、两相化学反应流数值计算的试验验证。

⑥ 加力燃烧室和矢量喷管匹配试验。

(5) 喷管试验

喷管是发动机的重要部件。其主要功能是将涡轮后的高温、高压燃气膨胀加速并排出机体,从而产生发动机的推力。另一功能是通过调节喷管面积来改变涡轮和喷管中燃气膨胀比的分配,以改变压气机和涡轮的共同工作点,实现发动机工作状态的控制,从而改变发动机的推力、耗油率,改善发动机的启动性能,及接通、切断加力时能尽可能减少对发动机工作状态的影响。

航空发动机的喷管在很宽的压降范围内工作。在起飞条件下马赫数就有 1.3~3.0 Ma 的变化范围。随着飞行速度的增加,喷管内的损失对发动机的推力和耗油率影响更大。喷管中的损失是由摩擦、激波、出口流动不均匀及不平行所引起的。飞机的设计速度(喷管中的设计压降)愈大,则在低速飞行时由于过度膨胀所引起的损失就愈大;而通过调节喷管出口截面以降低设计的膨胀比会导致外部阻力的显著增加,即是发动机的有效推力损失增加。试验表明,喷管效率下降1%,发动机净推力的下降都大于1%,因此喷管设计应力求尽可能高的性能和可靠性。

随着航空技术的发展和空战技术的变化,喷管功能已在扩展,例如以下两点:

① 提供推力矢量,在飞机低速和大迎角飞行时,补充或替代气动舵面,实现过失速机动,从而减小气动舵面的重力和阻力以及雷达散射面积,同时缩短飞机起飞和着陆的距离。

② 通过控制喷管的红外辐射特征信号、雷达散射面积和喷管噪声,改善飞机的红外隐身、雷达隐身和声隐身能力,提高飞机的生存能力。

技术的发展趋势,给发动机喷管试验提出了越来越多的要求。

喷管试验是在试验台上模拟发动机和飞机的各种工作状态,进行全尺寸试件和缩尺试件的试验,其目的主要如下:

① 测量喷管性能数据,试验研究喷管主要几何尺寸及进口参数对喷管气动热力学特性的影响,为喷管的结构设计提供参数和性能优化依据。

② 试验研究喷管内、外流流动机理,验证理论设计和三维数值模拟的正确性。

③ 考验喷管结构强度、工作可靠性及与发动机、控制系统的匹配。

④ 测定喷管与飞机后机身之间的干扰阻力,为飞机/发动机/喷管的一体化设计提供依据。

(6) 发动机整机性能试验

航空发动机整机试验的优点在于工作条件的真实性,试验结果包含了部件间的相互影响,发动机部件的研制和改进效果都必须要通过最后的整机试验来验证,它是确定是否选用改进方案的决定性步骤。

首台新型号发动机试车开始,是发动机研制过程的一个里程碑,自此开始了各部件协调匹配、各系统功能考验和发动机耐久性考核的新阶段。发动机通过运转试验,逐步达到规定的性能指标;发动机结构经过"完整性"考核,达到具有在各种条件下连续稳定工作的能力和设计规定的工作寿命。在型号研制过程中,为了完成考核试验,需要制造一定数量的试验发动机,须经过一定的运转时数以达到考核的目的。据统计,型号研制一般需要 20~30 台试验发动机。发动机台架试车时数一般是 5 000~8 000 h。

发动机整机试验包括地面台架试验、高空模拟试验和飞行试验。

地面台架试验的目的是测试发动机在特定工作条件下的推力、空气流量、燃油消耗率等参数以及测试发动机对控制系统和发动机进口条件变化的响应。由于飞机进气道、加力燃烧室和压气机之间的相容性、相互干扰使气动稳定性和操纵性问题变得更加复杂,采用进气道模拟器或扰流网格产生流场畸变在发动机试车台上做各种状态的试验,一直是评定发动机相容性的主要方法。

高空模拟试验的主要目的是对发动机在进行飞行试验前,在高空模拟试验台上进行发动机试验,考核对其在飞行包线范围内的性能是否符合设计规范的要求。高空模拟试验设备有一个可以控制进气条件和环境压力、温度等高空舱。被试验的发动机置于高空舱内,控制进气条件和舱内压力、温度,即可在地面模拟发动机在不同飞行高度和飞行速度下工作的环境,测试发动机性能并考核发动机及其系统的工作可靠性。

高空模拟试验虽然能够测试和考核一定飞行条件下的发动机性能及其可靠性,但不可能真实模拟所有飞行条件,要全面检验发动机的飞行性能和品质,还必须将发动机装在飞机上进行飞行试验。

地面试车台和露天试车台分别如图 4.21 和图 4.22 所示。

2. 发动机环境适应性试验

航空发动机使用过程中,其性能、可靠性受到各种环境条件的影响。发动机研制时需要开展环境适应性考核试验以检验发动机能否在各种潜在的使用环境条件下安全可靠地工作。发动机环境试验一般有:大气环境试验(抗潮湿试验、抗霉菌试验、抗腐蚀试验、抗结冰试验等),发动机吞咽能力试验(吞鸟试验、外物损伤试验、喷冰试验、吞沙尘试验、吞大气液态水试验、吞武器尾气试验、吞蒸汽试验等),以及电磁环境影响试验(电磁干扰试验、系统内电磁兼容试验、系统间电磁兼容试验、抗闪电试验等)。

图 4.21　地面试车台(室内台)

图 4.22　露天试车台

3. 零部件和发动机强度与耐久性试验

　　航空发动机结构材料的力学(机械)性能只有通过试验才能得到,发动机结构的强度和寿命必须通过零部件和整机结构试验来考核和验证。

　　结构材料的设计许用值是结构设计和分析的基础,一般由结构材料的力学(机械)性能标准试验测试获得,主要包括强度、蠕变、疲劳、断裂、裂纹扩展等力学性能。

　　为考核和验证航空发动机结构的安全性和耐久性是否满足设计规范和设计准则的要求,零部件和整机的强度和耐久性试验在航空发动机研制试验中始终占有很大的比重。特别是随着对航空发动机性能和可靠性要求的不断提高,航空发动机结构的安全性和耐久性考核试验的内容和方法也越来越丰富和严格。

　　航空发动机结构的安全性和耐久性试验考核方法主要包括零部件结构试验、整机结构试验和整机持久试车。零部件和整机结构试验又主要包括静强度考核试验、耐久性/疲劳寿命考核试验、损伤容限考核试验、振动试验等。整机持久试车是以地面试车台考核整机可靠性、耐久性为主要目标,主要包括传统的 150 小时持久试车(飞行前规定持久试车的试车程序基本同150 小时设计定型持久试车)、发动机低循环疲劳试车和加速任务试车(AMT)或加速模拟任务持久试车(ASMET)。

　　强度考核试验主要包括:转子完整性考核试验(超转/超温试验)、轮盘破裂转速试验、叶片和轮盘变形试验、叶片飞出试验、陀螺力矩试验、压力平衡试验、压力容器和机匣强度考核试验、主安装节强度考核试验、地面调运安装节强度考核试验、包容试验等。转子超转/超温试验、叶片和轮盘变形试验、叶片飞出试验、陀螺力矩试验、压力平衡试验一般为整机结构试验。轮盘破裂转速试验、压力容器和机匣强度考核试验、主安装节强度考核试验、地面调运安装节强度考核试验一般为部件结构试验,包容试验则可以在专用试验器上、转动件的旋转地坑试验中或整机上进行。下面主要介绍转子超转/超温试验、轮盘破裂转速试验、压力容器和机匣强度考核试验、主安装节和地面调运安装节强度考核试验。

　　部件耐久性考核试验主要包括轮盘、轴、框架、燃烧室、机匣和安装节等零部件的低循环疲劳试验。部件低循环疲劳试验一般在适合各部件的专门试验器上,采用设计用法谱试验至两倍设计寿命或试验至部件破坏。对于温度起主要作用的部件,应采用全台发动机和核心机进行低循环疲劳试验。试验过程中,第一个等效寿命期内不允许对部件进行修理,第二个等效寿命期内允许进行定期修理。这里主要介绍轮盘的低循环疲劳试验、燃烧室的热循环疲劳试验和高温机匣的蠕变-疲劳联合试验。

零部件考核试验总希望尽可能地模拟零部件在实际发动机环境中的载荷情况和边界条件,但很多情况难以准确实现。因此整机持久试车一直被看作考核发动机结构的可靠性和耐久性的重要技术手段。在国内、外航空发动机发展过程中,被广泛采用的典型整机持久试车方法包括三种:150 小时持久试车、发动机低循环疲劳试车以及加速任务试车(AMT)或加速模拟任务持久试车(ASMET)。

4. 控制与子系统试验

(1) 控制系统试验

现代航空发动机控制系统是诸多复杂部件的综合体。控制系统试验是在部件测试与试验后进行多个部件之间的综合试验验证,目的是验证系统设计的正确性,是发动机控制系统研制中一个十分重要的环节。控制系统的试验过程也是逐步进行的,首先是电子控制器和控制软件的验证试验,称为电子控制器回路仿真试验,第二步是与液压机械系统及传感器综合的验证试验,称为半物理模拟试验,最后是与发动机综合后完成发动机地面台试验、高空台试验及飞行试验及验证。

① 电子控制器回路仿真实验

由于全权限数字电子控制系统运行对安全性要求极高,必须对电子控制器进行全面的测试,且测试项目应足以覆盖其所有的行为。这就意味着在测试回路的每一个点上,所有飞行中可能遇到的操作和故障类型都必须被包含在测试系统中。使用电子控制器在回路仿真测试,可以让系统开发人员将电子控制器置于等同于试飞和试车台条件的模拟环境中进行测试,可大大降低成本和风险,并减轻测试资源和人力资源的负担。正因为如此,电子控制器在回路仿真可以做得比较完整和深入,不仅可以仿真正常工作情况,还可以仿真超温、超转等非正常的极限工作情况,能对电子控制器硬件和软件的共同工作进行全覆盖仿真测试,验证其设计的正确性,即电子控制器在回路仿真的结果应与设计时数字仿真的结果相一致。

试验系统中的实时计算机主要运行发动机实时数学模型,发动机实时数学模型中可以包括传感器模型和执行机构模型。模型计算得到的转速和各截面的温度、压力等参数通过输出转换接口转换成频率量、模拟量和开关量等信号。频率量信号经转速传感器模拟电路转换成转速信号;模拟量信号经压力传感器、温度传感器、位移传感器模拟电路转换成压力、温度和位移信号;开关量输出经开关量信号模拟电路转换成各类开关量信号。

② 半物理模拟试验

完成电子控制器回路仿真试验后,需进一步结合系统中其他部件进行试验,保证系统在装发动机之前得到进一步的验证,减少装机试验的风险。除控制对象发动机采用数学模型外,控制系统的主要部件全部采用真实件,在物理环境下模拟发动机各种工作状态,这样的试验称为控制系统的半物理模拟试验。半物理模拟试验是控制系统研制中最重要的试验,新研制的控制系统,必需经过半物理模拟试验后才能装机完成台架试车。

某涡扇加力发动机半物理模拟试验器主要由电传系统、燃油系统、气压模拟系统、温度模拟系统、伺服作动及负载模拟系统、水冷却系统、润滑系统、发动机数学模拟系统、故障模拟系统、设备监视控制与数据采集系统等部分组成，与电子控制器、燃油泵及执行机构、传感器等控制系统部件共同构成半物理模拟试验系统。

③ 发动机试验与验证

半物理模拟试验完成后，控制系统将交给发动机进行匹配。跟随发动机完成试验验证。尽管控制系统在部件试验阶段已经过各种环境试验，系统试验阶段经过半物理模拟试验，但由于模拟环境与安装于发动机上必然不尽相同、发动机模型建模误差、负载条件不一致等，控制系统还有许多问题需要在发动机试验阶段来验证和解决，发动机试验一般包括发动机地面台试车、高空台试验和飞行试验。

（2）其他附件系统试验

航空发动机附件与子系统一般包括起动系统、传动系统、滑油系统、燃油与控制系统等，主要实现发动机起动、驱动（各类泵、电机、旋翼等）、润滑与冷却、燃油输送与调节、发动机部件性能调节等功能。附件数量一般都有 20~30 个。在研制过程中发动机附件试验包括模拟工作试验和个别附件特有的单项附件试验两部分，分别在飞行前规定试验和定型试验中进行。模拟工作试验是模拟附件的实际工作状态，制定任务工作循环载荷谱，并在单件产品上按序完成一定时数的加速老化、高温、室温持久和低温条件下的功能循环试验。模拟工作循环试验实际是发动机附件耐久性试验，按照拟定的任务循环依序进行试验，能比较真实地模拟附件在发动机上的工作情况。通过该项试验能初步考核产品的固有可靠性、耐久性和寿命。模拟工作试验是发动机附件所有试验中最重要的试验，其试验循环与试验大纲的制定是否合理、正确，直接关系到附件能否得到有效验证。美军标对发动机附件还有可靠性维修性试验。开展航空发动机附件环境试验是验证发动机及各部附件环境适应性的重要措施，也是适航取证过程中局方监察的重要环节。模拟工作试验和环境试验要求针对大部分附件都是相同的，个别试验主要因少许部分自身材料、结构和使用环境的特殊性所开展的针对性试验，其试验内容和要求对其他附加并不适用，但却是该部件研制过程中必须进行的试验工作。结合附件的特点，可理解为故障模拟可靠性试验、环境应力筛选试验、潜行电路分析、机内自检和综合环境可靠性试验。

4.4　南京航空航天大学飞行器动力工程专业的特色

南京航空航天大学飞行器动力工程专业经过 60 多年的发展和积淀，在进排气系统与飞/发一体化设计、叶轮机气动热力学、发动机燃烧与传热技术、发动机结构强度与振动设计技术、发动机控制、故障诊断与健康管理技术等专业方向形成了鲜明的特色，研究水平在国内处于本领域前列。

4.4.1　进排气系统与飞/发一体化设计

长期专注于发动机进气道、尾喷管所面临的复杂内流空气动力学和先进设计理论方法研究，在 S 弯进气道流动机理、超声速进气道激波/边界层干扰机理与控制、混压式进气道喘振理论、埋入式进气道设计、蛇形进气道设计、单边膨胀喷管设计等方面取得了原创性研究成果，持续引领着本领域的技术发展。设计的多种类型高隐身进气道方案、高马赫数进气道方案以及所发明的强旋涡、强激波主导流动高效控制方法被成功应用于 30 余种飞行器型号,解决了飞/发匹配难题,拓宽了动力系统与飞行器的稳定工作边界。在进排气/核心机一体化、进排气/飞行器一体化、气动/隐身综合设计等方面的研究水平、研究实力位居全国前列。突破传统进排气系统独立设计的思维束缚,提出了"主动构造并充分利用进排气/机体间有利耦合流动效应"的一体化设计理念,发明了多种基于飞/发一体化的进排气系统创新设计方案,建立了基于飞/发一体化的进排气系统气动设计体系,并在 10 余种飞行器上得到了成功应用。该领域曾获得国家科技进步二等奖 2 项。进排气系统和飞/发一体化设计方向的典型研究工作如图 4.23 所示。

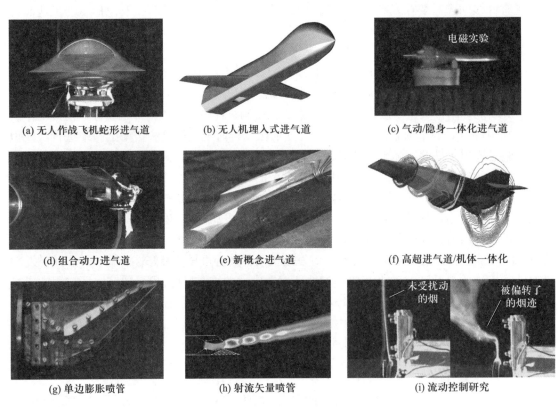

(a) 无人作战飞机蛇形进气道　　(b) 无人机埋入式进气道　　(c) 气动/隐身一体化进气道

(d) 组合动力进气道　　(e) 新概念进气道　　(f) 高超进气道/机体一体化

(g) 单边膨胀喷管　　(h) 射流矢量喷管　　(i) 流动控制研究

图 4.23　进排气系统和飞/发一体化设计方向的典型研究工作

4.4.2　叶轮机气动热力学

针对风扇/压气机部件和燃气涡轮发动机整机的气动稳定性问题开展深入研究,重点解决了发动机整机等复杂压缩系统稳定边界预测方法、进气畸变对发动机等复杂压缩系统稳定性影响预测方法、发动机等复杂压缩系统瞬时动态过程稳定性预测方法等重要的理论和技术问题,建立的发动机等复杂压缩系统稳定性设计和分析系统,已成为目前我国航空发动机主机所开展发动机稳定性设计和评定的主要工具,在多型现役和在研发动机中得到了应用,显著提高了航空发动机和地面燃气轮机的气动稳定性设计水平。出版了《航空燃气涡轮发动机稳定性评定技术》等学术专著两部,参与国军标编制两部,引领了我国燃气涡轮发动机气动稳定性研究的理论和技术发展。长期从事高负荷风扇/压气机叶片三维造型气动优化设计、吸附式压气机、压气机流场控制技术、涡轮复杂非定常流场的流场数值模拟、径流式叶轮机设计、流体机械内部流场先进测量技术等方向的科研工作,研究成果获得了国内外同行的广泛认可。叶轮机气动热力学方向的典型研究工作如图 4.24 所示。

(a) 压气机低速模拟试验研究　　　　(b) 发动机整机和部件稳定性研究

(c) 七级压气机大规模并行计算　　(d) 轴流涡轮设计研究　　(e) 向心涡轮设计研究

(f) 国内第一台微型涡轮发动机(直径11 cm)　　　(g) 直径6 cm微型涡轮发动机

图 4.24　叶轮机气动热力学方向的典型研究工作

4.4.3　发动机燃烧与传热技术

发动机燃烧与传热技术方向面向国家重大需求、服务军民融合国家战略,通过长期科研积淀与创新发展,在高热负荷高速贫氧燃烧、高温升高热容燃烧、新概念燃烧、高热负荷控制和综合热管理、排气系统红外隐身等方面形成了鲜明的特色和优势。

在发动机燃烧组织技术方面,深入阐述了高速流场中火焰稳定机理,发展了双 V 形火焰稳定器,获得国家技术发明奖三等奖 1 项。在国内首次提出了驻涡值班高效燃烧原理和强化技术,在国际上首次发现驻涡区流场是展向涡与流向涡耦合的三维涡系结构,流向涡沿展向呈单涡和双涡交替出现的分布特性,揭示了驻涡区与主流区流动的相互作用规律,突破了油气参数和工况匹配的多模态驻涡值班燃烧技术,实现了宽油气比范围的高性能燃烧,获得国防科技进步二等奖 1 项,并成功应用于国内主要发动机研究院所的低排放、高推重比、超紧凑级间和组合发动机燃烧室中,大幅提升燃烧性能,适应了未来动力技术发展的要求。发展了催化点火技术和相应的试验测试技术,建有某涡扇发动机催化点火器性能测试试验平台,也是该点火器能否配装发动机燃烧室的性能标定实验系统,对我国发动机的研制和装备起到了重要作用。近年来还开展了大量的新型爆震燃烧基础理论和部分关键技术研究,掌握了爆震燃烧的工作原理、爆震燃烧的机理与特性,基本解决了气液两相爆震、气动阀与旋转阀、强化燃烧与快速触发爆震、小型脉冲爆震原理样机的设计等关键技术,成功研制了多种气液两相、吸气式 PDE 原理样机(多管旋转阀式、大管径气动阀式、小管径高频气动阀式以及加力式等),所研制的原理样机在最高工作频率、爆震管最大管径以及推力等性能指标方面均处于国内领先地位,获得了国防科技进步二等奖 1 项。发动机燃烧组织技术方向的典型研究工作如图 4.25 所示。

(a) 驻涡燃烧室

(b) 高空模拟燃烧试验系统

(c) 先进光学燃烧诊断技术

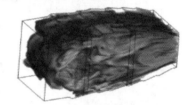

(d) 高精度燃烧数值仿真技术

图 4.25 发动机燃烧组织技术方向的典型研究工作

在发动机强化传热技术方面,深入探究各类新概念高效传热方式,长期致力于航空发动机热端部件的高热负荷控制技术,突破了基于旋流的涡轮叶片内部强化冷却关键技术,提出并设计了双层多段式壳型涡轮叶片冷却结构,成功应用于某新研型号军用发动机核心机中。基于多学科融合开展了大量的综合热管理基础研究和系统级应用研究,掌握了发动机冷热部件之间的能量迁移特性,揭示了纳米功能流体中能量输运原理,建立了纳米流体能量传递的理论与方法,获得了国家自然科学二等奖 1 项。以发动机防冰系统为对象,突破了考虑薄水膜流动的三维积冰建模、旋转整流罩表面积冰相似实验等关键技术,获得了关键参数以及憎水涂层对表面积冰特性的影响规律,并在我国某新研型号军用发动机和某大涵道比发动机防冰系统的研制中得到了应用。近年来,还积极探索新型热力循环及动力装置开发,提出了太阳能/燃料电池等多源新型混合动力系统,建立了适用于不同类型材料的近场热辐射模型,基于微/纳尺度方面的热辐射传输机理研究,突破了太阳能吸收增强关键技术,使太阳能吸收能力提高至 95%以上。结合回热循环优化、共轴高速变频发电技术,提出了"太阳能光热利用中的新型高效率热功转换系统技术",获第 41 届日内瓦国际发明金奖。2015 年,张靖周教授带头的"动力系统热能高效利用"团队荣获江苏高校优秀科技创新团队。发动机强化传热技术方向的典型研究工作如图 4.26 所示。

(a) 火焰筒冷却红外热像图　　　　(b) 3D打印涡轮叶片模型　　　(c) 涡轮叶栅流动换热

图 4.26　发动机强化传热技术方向的典型研究工作

　　在国内较早开展了发动机红外辐射特性及红外隐身设计的理论和方法研究方面,研究水平、研究实力位居全国前列。针对飞行器及航空发动机的红外辐射特征计算方法以及隐身效能评估方法研究,发展了气动、传热、目标和背景红外辐射、辐射传输、探测概率、探测距离等的综合计算方法,开发了适用范围广、预测精度高的计算软件,在近 10 家单位获得应用,2012 年获国防科技进步一等奖 1 项。同时就红外辐射特征控制技术,开展大量基础研究和应用技术研究,揭示了轴对称、二元、S 弯、引射等结构形式的排气系统的红外辐射特征的规律,发展了排气系统推力和隐身多目标优化设计方法。其中引射与 S 弯排气技术已在某直升机发动机上得到了应用,取得了良好的效果,2015 年获国家科技进步二等奖 1 项。面对一体化条件下的发动机排气系统与后机身的气动/红外隐身综合设计技术,在国内首先提出采用波瓣喷管强化引射掺混并实现冷热气流间动量和热量高效传递的方法,编著的《航空用引射混合器》是我国首部系统介绍高效引射混合器及其在航空动力系统中应用的学术专著,"波瓣喷管红外抑制系统"在航空动力学报的引文和阅读排行榜高居第二,影响广泛,在新一代涡轴发动机红外抑制器、涡扇发动机内外涵强迫混合器的设计中仍发挥着重要的作用。发动机红外隐身技术方向的典型研究工作如图 4.27 所示。

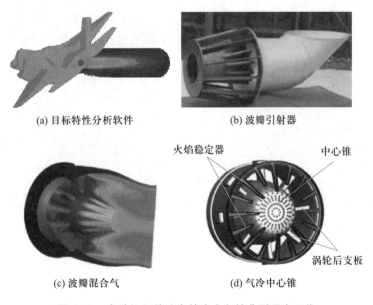

(a) 目标特性分析软件　　　　　　　(b) 波瓣引射器

(c) 波瓣混合气　　　　　　　　　(d) 气冷中心锥

图 4.27　发动机红外隐身技术方向的典型研究工作

4.4.4 发动机结构强度与振动设计技术

发动机强度与振动设计技术方向经过 60 多年的发展与积淀,在先进复合材料结构的强度与疲劳、高温结构复杂载荷下的强度与寿命、发动机整机动力学模型的建模与确认技术、发动机抗冲击损伤及包容性分析等技术方向形成了鲜明的特色与优势。取得的主要研究成果如下:(1) 攻克了我国空中加油机最关键部件——冲压空气涡轮的结构设计难题,为我国空中加油机研制成功做出重大贡献,获国家科技进步特等奖;(2) 完成了国内多个系列的军用航空发动机载荷谱编制和加速任务试车谱编制,参加编写了系列丛书《航空发动机强度试验手册》,并担任其中的《机匣强度试验手册》的主编,该书在多种型号发动机上得到应用,获国家科技进步二等奖;(3) 建立了树脂基/陶瓷基复合材料与结构的强度分析与寿命评估方法,为现役航空发动机先进复合材料的结构设计提供了有力的技术支撑;(4) 自行研制国内首套多点协调加载设备,实现了燃烧室机匣多种复杂载荷形式的加载,解决了焊接结构多点破坏寿命预测的技术难题;(5) 在发动机抗外物冲击损伤及包容性分析技术方面取得了一系列研究成果,拥有国家重点型号"冲击与包容"技术支撑团队;(6) 发展完善了航空发动机部件及整机动力学模型确认理论和方法,并成功应用于多个型号航空发动机复杂结构设计中;(7) 自行研制了国内首创、国际领先的旋转叶片跟踪连续扫描激光测振技术。发动机强度与振动技术方向的典型研究工作如图 4.28 所示。

(a) 冲压空气涡轮   (b) 多点协调加载系统

(c) XX9 涡轮叶片高温拉扭试验   (d) 旋转叶片跟踪连续扫描激光测振技术

图 4.28 发动机强度与振动技术方向的典型研究工作

4.4.5　发动机控制、故障诊断与健康管理技术

长期致力于航空发动机及其控制系统的建模与仿真、先进控制规律设计、飞行/推进综合控制、故障诊断与健康管理、电子控制器设计、燃油及液压系统控制、控制系统测试与试验技术等研究。经过 60 多年的发展和积淀，在飞行/推进系统综合控制、电子控制器设计、发动机故障诊断与健康管理等方面形成了鲜明的特色和优势。在国内率先研制成功某应急动力装置(EPU)电子控制器，并投入型号生产，为保障歼-10 飞机首飞做出了重要贡献，荣获国家科技进步二等奖。孙健国教授编写的专著 *Advanced Multivariable Control Systems of Aeroengines* 和《航空燃气涡轮发动机控制》在本行业内具有广泛的学术影响力。所发展的具有不确定性的飞行/推进综合控制技术成果已经用于四代机的飞行/推进综合控制，在无人飞行器综合控制平台中也得到了应用。提出了直升机/发动机/传动系统综合仿真与控制优化技术，采用了自适应变稳飞行/发动机综合控制方法，解决了飞行与发动机性能并行优化的难题。面向对象的航空发动机及控制系统建模技术突破了全包线全状态动态实时模型建模和机载自适应模型建模的困难，成果已用于多个发动机型号研制工程。自主开发了 FADEC 系统综合仿真适配器，在涡扇/涡桨发动机控制系统 HIL 仿真、半物理仿真试验研究方面在国内具有广泛的影响力。揭示了发动机性能蜕化对测量参数的影响机理，建立了能适应发动机个体差异的包线内机载自适应实时混合模型，提出了发动机气路性能参数的在线估计方法。发动机控制技术方向的典型研究工作如图 4.29 所示。

4.5　飞行器动力工程发展趋势

4.5.1　航空发动机总体发展趋势

航空发动机已走过 100 多年的发展历史，为各类航空器的发展做出了重要贡献。目前军用涡扇发动机最大加力推力接近 200 kN，推重比超过 10，寿命达到 4 000 h 以上，具备隐身、超声速巡航、推力矢量等能力。民用涡扇发动机的最大推力已超过 500 kN，耗油率低于 0.05 kg/(N·h)，空中停车率仅为每 1 000 飞行小时 0.002~0.005 次。

根据美国对下一代战斗机提出的系统需求，未来军用航空动力将继续朝着更快、更高、更远的目标前进。未来民用航空动力将向更安全、高效率、低油耗、低排放的方向发展，发展齿轮传动涡扇发动机、开式转子发动机、对转带冠桨扇发动机、间冷核心机、间冷回热核心机、全电混合发动机等多种新型航空动力。

今后航空与航天动力技术的结合将引发继螺旋桨和喷气推进之后的第三次动力"革命"，涡轮/冲压组合发动机将成为常规机场水平起降、临近空间超声速军民用飞机的动力装置。航空发动机将向新构型、新原理、新布局、新能源的方向发展，自适应循环发动机、间冷回热发动机、分布式推进、开式转子发动机等将加速发展，生物燃料发动机、氢燃料/燃料电池发动机、电推进/混合动力、微波动力、空间系留动力、激光动力、反物质动力、反重力动力等将为航空航天动力领域带来新的变革，如图 4.30 所示。

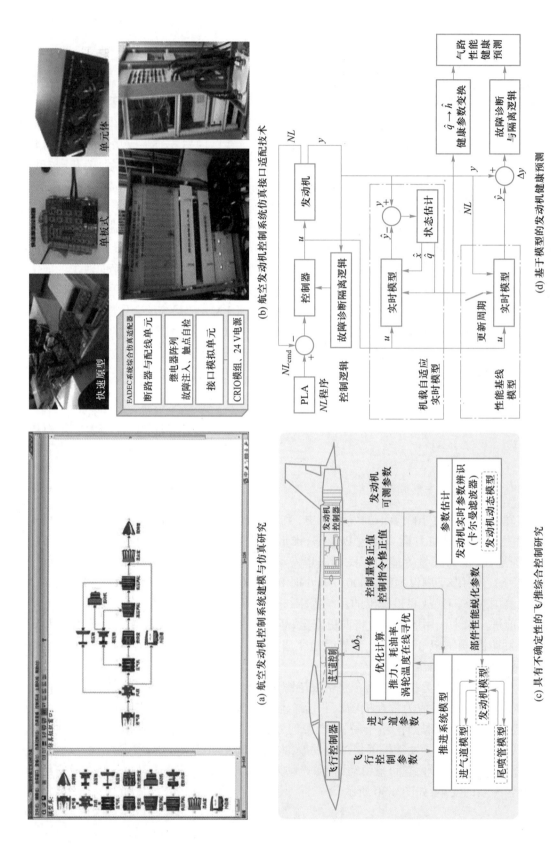

（a）航空发动机控制系统建模与仿真研究

（b）航空发动机控制系统仿真接口适配技术

（c）具有不确定性的飞推综合控制研究

（d）基于模型的发动机健康预测

图4.29 发动机控制技术方向的典型研究工作

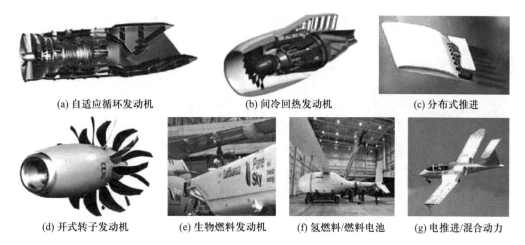

(a) 自适应循环发动机　　　　(b) 间冷回热发动机　　　　(c) 分布式推进

(d) 开式转子发动机　　(e) 生物燃料发动机　　(f) 氢燃料/燃料电池　　(g) 电推进/混合动力

图 4.30　未来航空动力技术

4.5.2　推进系统进排气技术

随着航空发动机性能指标要求的不断提高以及功能的拓展、应用范围的扩大,进排气系统的技术内涵变得更为丰富,其完成的功能由单一的气动功能逐步向多功能演化,目前覆盖了雷达/红外隐身技术、进气防护技术、推力矢量技术、全速域高效运行技术等领域,为此,其在包含航空发动机在内的吸气式动力系统中的重要地位也愈发突出,对发动机的推(功)重比、寿命、造价等指标形成直接影响。例如,采用先进隐身进排气系统可使飞行器的敌方雷达最大作用距离下降 68%,红外探测器作用距离下降 68%;而美国的 CH-54 直升机在东南亚的使用经验表明,进气防护技术的采用可使长时间在砂尘环境中工作的涡轴发动机寿命提高 10 倍左右。美国的 F135 发动机由于采用了机械式推力矢量技术,其排气系统的造价和重量均达到了发动机总值的 1/3 左右。

以美国为首的航空军事强国在具有不同形式、不同功能特征的航空发动机进排气方面开展了大量的基础研究、工程研制以及新概念探索等工作,内容涉及常规亚声速/超声速进气道、高隐身进气道、带进气防护功能的进气道、全速域 TBCC 可调进排气系统、隐身排气系统、推力矢量排气系统、进排气系统与推进系统一体化设计等,并且有相当一部分的研究成果在发动机和飞行器上得到了广泛应用,是未来进排气系统的重要发展方向。几种典型的进排气系统如图 4.31 至图 4.33 所示。

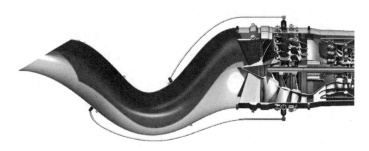

图 4.31　大弯曲高隐身蛇形进气道及其流动分离控制

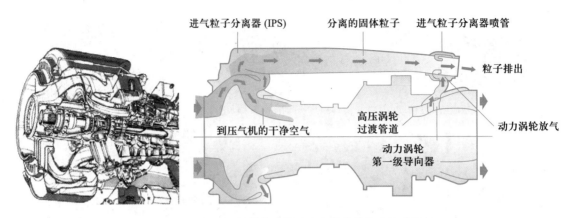

图 4.32 RTM322 的整体式粒子分离器及其清除流路设计

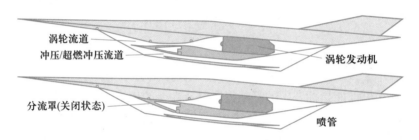

图 4.33 并联式布局 TBCC 的全速域进排气系统

4.5.3 叶轮机气动热力学

风扇/压气机的设计体系已从 20 世纪 50 年代至 60 年代初的二维体系和 20 世纪 60 年代中期以后的准三维设计体系发展到 20 世纪 80 年代中期以来的全三维设计体系。全三维设计体系的核心是三维 N–S 方程计算程序,经过多年的发展,这种程序已达到工程实用阶段。高压压气机的平均级增压比已从 20 世纪 50 年代的 1.1~1.2 提高到 F119 发动机的 1.454。叶尖切线速度从 300 m/s 提高到 450 m/s,试验研究中已达到 550~600 m/s。美国 IHPTET 计划发展的 4 级压气机可以达到过去 6~7 级压气机所能达到的增压比,估计平均级增压比可达 1.56~1.60,使用中和在研发动机的风扇平均级增压比已达 1.50~1.70,研究中的风扇平均级增压比达 2.2~3.2。

为了进一步提高风扇/压气机的级压比,小展弦比弯掠叶片、大小叶片和超声速通流叶片等新技术正受到越来越多的重视。弯掠叶片的形状和弯掠程度对气动性能和应力水平有很大影响,所以设计中的一个关键问题是气动–强度一体化设计技术,要在气动和强度计算方面进行多次迭代,以达到两者之间的最佳平衡。大小叶片由前排宽弦叶片排和后排窄弦叶片排组成,前后排叶片沿周向间隔分布,特别适用于要求轴向长度短而增压比高的风扇/压气机。超声速通流风扇的轴向气流速度为超声速,目前验证的单级增压比达 2.54。这种超声速通流涡扇发动机可使涡轮发动机的适用速度上限提高到 Ma5。

在风扇/压气机设计方面的另一个重要趋势是总增压比不断上升,将从目前军用发动机的 30 左右和民用发动机的 40 左右分别上升到 35 和 50~60,这会在级数增加、稳定性控制、系统匹配、间隙控制和材料方面带来难题。而且由于总增压比增加,压气机出口温度可能达到

1 250 K,这又会给涡轮冷却带来困难。

对于涡轮设计,推重比为 10 的发动机的涡轮前温度已达 1 850~1 950 K,且高、低压涡轮均为单级。冷却方案还是在常规金属材料基础上采用多通道强迫对流加气膜的复合冷却,外加隔热涂层,总的隔热效果可达 500~600 K。用层板(lamilloy)材料制造的"超级冷却"涡轮叶片,在涡轮前温度为 1 922 K 的条件下比常规冷却结构少用 30%~40% 的冷却空气,带这种叶片的整体叶盘已通过核心机试验,涡轮重量亦可减轻 25%~30%。未来,陶瓷基复合材料制造的涡轮叶片将不需要冷却空气,可进一步提高涡轮前温度,大大提高发动机的总体性能。

在涡轮气动设计方面,研究的重点是复合弯扭叶片和无级间导向器的对转涡轮。高做功能力和低摩阻叶型亦是研究重点之一。目前,CFD 程序已经有能力计算涡轮叶尖呈凹帽形的复杂流场结构和换热。

图 4.34 和图 4.35 分别为弓形静子和吸附式叶子。涡轮膨胀比与级数间的关系统计图如图 4.36 所示。

图 4.34 弓形静子

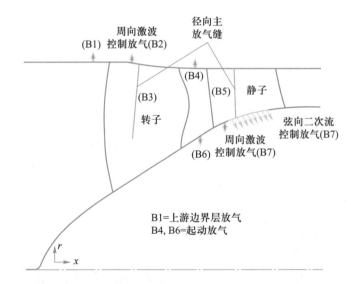

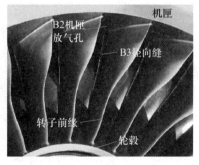

图 4.35 吸附式叶片

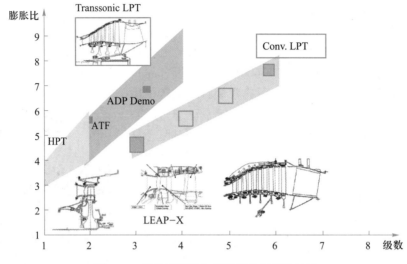

图 4.36 涡轮膨胀比与级数间的关系统计图

4.5.4 先进发动机燃烧室技术

未来先进发动机设计对燃烧室系统提出了非常苛刻的要求:高的燃烧室进口温度和气流速度,近似化学恰当比的燃烧(出口温度达 2 200~2 300 K)。在十分宽的功率范围条件下性能参数相互矛盾,对传统燃烧室设计方式提出挑战。

随着燃烧室出口温度的提高,燃烧室温升从推重比为 8 和 10 的 800 K 和 1 100 K 逐步提高到 1 350~1 450 K。在气动热力设计方面,一些先进的燃烧室设计采用了带双旋流的空气雾化喷嘴或带旋流的预混喷嘴方案,头部强旋流气流加强混合,可获得高的燃烧效率和均匀的温度分布。F119 发动机燃烧区具有三维高湍流度的强旋流结构。有的发动机采用蒸发管的头部回流结构,如 EJ200 发动机。研究中的方案有多旋流头部方案,燃烧室头部由 3 圈在轴向错开排列的喷嘴和旋流器组成,除冷却气流外,全部气流均由头部进入燃烧室,燃烧室长度短,出口温度场均匀,所需冷却空气量小。研究中的其他先进技术还包括多通道扩压器设计和轻重量的燃油分配系统。

为进一步提高燃烧室的性能水平,国外研究发展了驻涡火焰稳定的燃烧室,用在驻涡中的预燃火焰代替传统的燃气回流作为连续点火源,在主燃区形成驻涡稳定火焰,可以在富油条件下改善燃烧室的效率和稳定性,使 NO_x 等排放仅为 ICAO 的标准的 60%。

基于爆震燃烧的燃烧技术可达到更高的热效率。但爆震燃烧会带来结构完整性和气动稳定性的问题。为解决这些问题,可采用离轴的旋流燃烧室结构,隔离发动机部件周围产生的脉动不稳定波,缩短燃烧室的轴向尺寸。

随着烟尘和污染排放限值要求得更加严格,新一代民用航空发动机燃烧室技术的研究重点是污染排放控制,如分级燃烧技术。

对于国外先进军用小涵道比涡扇发动机,涡轮排气温度为 1 100~1 200 K,加力出口温度达 2 100~2 200 K,其加力燃烧室设计为在高温下可靠工作并兼有红外隐身等功能,一般采用双层带冷却的喷油杆和双层径向火焰稳定器及双层内锥,另外还采用旋流技术和涡轮后框架处扩压器–混合器–火焰稳定器一体化技术。

4.5.5 热端部件高效冷却技术

为应对先进航空发动机推重比不断提高、耗油率不断降低的趋势,国外某些国家一直致力于航空发动机热端部件先进冷却技术和空气系统的研究,在新型冷却技术、特种复合耐高温材料应用、特殊冷却结构等方向上均取得了大量的研究成果。涡轮冷却技术发展趋势/路线如图4.37 所示。

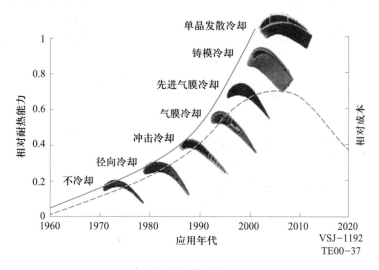

图 4.37　涡轮冷却技术发展趋势/路线

如在高效气冷涡轮设计中,提出了双层壁铸冷技术(见图 4.38)、多孔层板冷却技术(见图4.39)、超级冷却技术、编制发散冷却技术等,综合利用主动流场控制、被动旋流强化、微小尺度化等关键技术实现降低冷却空气用量的同时,有效提高涡轮叶片的冷却水平。这些先进冷却技术或冷却结构的应用,可以使得涡轮叶片可以承受 1 830 ℃以上的高温;或者能保持现有的涡轮寿命而使推力增加 20%。为解决高压高温下火焰筒的冷却问题,国外开发利用了多种新型复合冷却技术,包括有气膜冲击冷却、气膜加发散小孔冷却、冲击 + 对流 + 气膜冷却技术、冲击 + 发散冷却技术以及浮动壁结构等。研究结果表明,当燃烧室采用先进的复合冷却技术时,燃烧室冷却空气量较常规气膜冷却空气量降低 30%,燃烧室出口温度可达 1 630 ℃~1 780 ℃。同时所需冷气量减小 30%,涡轮工作温度提高 250 ℃。高效冷却火焰筒如图 4.40 所示。

追求冷却技术强化效果的同时,国外也投入了大量的人力和物力研究陶瓷基复合材料、C/C 复合材料等在航空发动机中热端部件高温材料的应用,如研制的陶瓷基复合材料燃烧室火焰筒,在陶瓷基复合材料改性和纤维增韧等材料制备技术方面以及陶瓷基复合材料的先进冷却技术方面取得了较大突破,克服了一般陶瓷材料脆性大、可靠性差等致命弱点,据报道该燃烧室在 1 200 ℃环境下工作可以超过 10 000 h。

在热端部件的冷却设计中,为了保证结构、强度特别是加工工艺的需求,开展了特殊冷却结构的研究。如在高效气冷涡轮叶片设计中,为避免双层壁在铸造过程中出现的细小陶瓷型

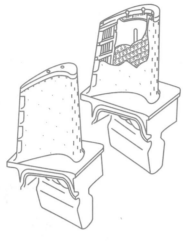

▼ 碳化硅 (SiC)
纤维增强碳化硅矩阵符合
衬套技术,将允许燃烧室壁
温度达到1 300℃,
以实现性能目标。

图 4.38　双层壁铸冷技术　　图 4.39　多孔层板冷却技术　　图 4.40　高效冷却火焰筒

芯破损以及由此引起的质量低下和费用昂贵问题,发展了骨架–表面层双层壁冷却结构。或者利用精细铸造技术,在叶片弦中区域直接构建出多段式微小型冷却通道,在前缘应用受限斜向冲击,而在尾缘采用冲击/扰流结构。

4.5.6　先进发动机结构与强度技术

1. 先进发动机结构

随着新型复合材料的应用,新结构设计有可能大幅度减轻发动机重量和提高性能。在研制和研究中的新结构主要如下:

(1) 金属基复合材料空心风扇叶片。用 SCS–6 纤维加强的钛金属基风扇叶片已经进行了部件试验,证明其耐温能力和抗外物损伤能力优于目前的复合材料叶片。叶片采用超塑性成形/扩散连接工艺,重量可减轻 14%。

(2) 整体叶盘。已在 BR715、M88–2、EJ200、F119、F135 等发动机的风扇/压气机上获得应用,减轻重量 30% 左右。风扇和压气机叶盘采用电化学功加工、电子束焊接或线性摩擦焊接工艺。将来涡轮转子也可能采用整体叶盘结构,采用"锻接"工艺加工。

(3) 整体叶环(无盘转子)。主要用于压缩系统。由于采用复合材料,叶片重量减轻,可以直接固定在承力环上,从而取消轮盘,重量可减轻 60%~70%。钛合金复合材料整体叶环结构已在国外核心机上进行了试验,重量只有常规镍基合金转子盘的 20%。

(4) 骨架式结构。为一种采用金属基复合材料、具有很高比刚度和比强度的主传力路线结构,能大大提高结构效率。除因采用先进材料使零部件重量减轻外,还可以通过减小振动和变形提高性能。

(5) 新型封严。包括刷式封严、指尖封严和浮动环气膜封严,可大幅度减少空气泄漏,提高部件效率 2%~3%。其中刷式封严已在 F119、F135 和 EJ200 等发动机上获得应用。

(6) 复合材料整体缠绕叶冠。除改进风扇性能外,还可大大减轻重量。

(7) 双辐板涡轮盘。采用黏结技术制成的双辐板涡轮盘,在减重的同时提高了 AN^2 值。

（8）新型火焰筒结构。在冷却结构和耐热材料方面,浮壁和多斜孔冷却结构已趋成熟,用多孔层板制造的火焰筒已经过验证机试验。用陶瓷纤维或碳纤维增强的陶瓷基复合材料和碳–碳复合材料也被用于火焰筒材料,可允许壁温达到 1 750 K。

2. 重点研究方向

发动机结构强度与振动研究的主要目的是保证结构设计的安全性和可靠性,重点研究方向如下:概率分析与设计方法、关键件强度与耐久性、复合材料结构力学、零部件振动与高周疲劳、转子动力学与整机振动、冲击强度与安全性等。下面具体介绍前四个方向。

（1）概率分析与设计方法。研究表明,在随机负荷下,概率分析方法比确定性方法更为可靠,并已广泛应用于随机振动条件下的疲劳、断裂和可靠性分析。概率分析方法将载荷、部件几何、材料性质和环境条件的统计变化综合应用于风险评估。而确定性方法只提供一个平均值或中间值,不能覆盖所有变化范围,其结果是,即使采用一个安全系数,风险度也可能不在可接受的限度内。

（2）关键件强度与耐久性。关键件强度与耐久性研究的目的是通过研究、设计和试验,发展可靠的关键件强度和寿命分析技术、寿命监视和寿命管理技术,来防止部件失效,延长寿命,提高可靠性。这对保证发动机的战备状态十分重要。

（3）复合材料结构力学。金属基复合材料和陶瓷基复合材料的力学性能和结构完整性是由复合材料组元(纤维和基体)的局部特性决定。因此,在分析和设计复合材料制造的发动机部件时,必须了解整个部件体积内材料的局部特性并确定其对整个结构性能的影响。这个问题将通过综合运用材料本构模型、累积损伤模型、复合材料力学和总体有限元结构分析方法来解决。

（4）零部件振动与高周疲劳。综合应用 CFD 和结构动力学解决高周疲劳和叶片颤振问题,大幅度降低振动导致的非定期维修成本。美国在其涡轮发动机高周疲劳科学与技术计划中针对叶片的振动和高周疲劳问题,开展了强迫响应预估、阻尼技术、材料损伤容限、表面处理、气动机械特性、部件分析、仪器仪表和发动机状态监视等。

4.5.7 先进发动机控制技术

早期的航空发动机控制系统采用机械液压式控制器,从最初的单一控制变量的油气比调节器,发展到 20 世纪 80 年代初的综合调节器,控制变量有 6~7 个,达到其技术顶峰。随着航空发动机设计要求的提高,为了在整个飞行包线内获得最佳的发动机性能,需要控制的参数越来越多,如压气机可调静叶、压气机放气活门、喷管喉道/出口面积、主燃油流量、加力燃油流量等,同时对控制系统的精度和动态性能要求也越来越高,机械液压式控制系统已经无能为力,必须发展电子控制系统。20 世纪 80 年代后期,随着现代控制理论、大规模集成电路和数字计算机技术的发展,全权限数字式电子控制系统(FADEC)逐渐成熟,并广泛应用于新研和改进改型的各类军民用航空发动机,目前已发展到了第三代,控制变量有 12~14 个。未来,随着复杂计算和逻辑判断、故障诊断与处理、余度设计、余度解析和重构、容错控制、发动机状态监视及诊断、火/飞/推一体化综合控制等基础原理和方法的深入研究与突破,数字式电子控制技术将朝着模块化、综合化、高性能、高可靠性的方向继续发展,并在控制性能和可靠性等方面有更加显著的提高。

全权限数字式电子控制系统(FADEC)具有诸多优点和发展潜力,是高性能飞机发动机以及高水平一体化控制必然采取的控制形式,是发展的方向和研制的重点。在监控式电子控制成功应用的基础上,许多国家都着手研制应用全权限数字电子控制系统。美国汉密尔顿(HAMILTON)公司、英国卢卡斯工业(Lucas Industries)公司、道蒂(DOWTY)公司、法国国营飞机发动机研究制造公司(SNECMA)、日本石川岛播磨重工业株式会社等,都在积极开展全权限数字电子控制系统的型号研制和预研。未来航空发动机数字控制系统将向着小型化、综合化、高性能、高可靠性、低成本、分布式、智能化等方向发展。航空发动机控制装置的发展历程与趋势如图 4.41 所示。

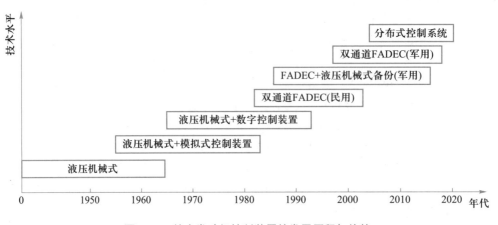

图 4.41　航空发动机控制装置的发展历程与趋势

在发动机智能化控制方面,智能发动机依靠传感器数据、专家模型和它们的融合,全面掌握工作环境和发动机状态,根据环境因素平衡任务要求,提供最佳的控制和维护决策,从而提高发动机性能、可靠性和战备完好率,延长使用寿命,降低使用和维修成本。智能发动机涉及的关键技术如下:①压气机、燃烧室、间隙和振动的主动控制;②带有专门诊断传感器的精确实时的性能和寿命模型;③基于磁浮轴承、内置式整体起动/发电机的多电控制系统;④一体化低观测性的进气道和喷管;⑤微机电技术传感器和作动器;⑥信息融合技术;⑦自适应重构控制等。

第 5 章

飞行器环境与生命保障工程

本章简要介绍飞行器环境与生命保障工程的专业范畴、教学安排、研究方法和手段、发展趋势，以及南京航空航天大学在飞行器环境与生命保障工程领域的专业特色，重点介绍本专业的知识结构、培养方案以及工程技术人员应具备的专业素质和能力。

5.1 专业范畴

5.1.1 专业背景与毕业去向

航空航天飞行器的工作环境与地面差异巨大，高空环境往往具有低温、低压、低湿等特征，并且 6 000 m 以下高空存在飞机结冰气象条件。高空环境给飞行安全、人员安全和设备可靠性均带来一系列问题，需要相应的飞行器环境与生命保障措施。例如，人员直接暴露在高空环境中会产生缺氧、减压症，以及低温伤害；飞机穿越结冰云层时会发生结冰现象，导致飞机气动和操稳特性恶化；机载大功率电子设备需要适宜的工作环境温度；战斗机飞行员在发生紧急情况时利用弹射座椅以及降落伞等逃生；航天员航天活动中需要适宜的舱内环境、生活保障系统和出舱个人防护系统；航天器返回大气层和星际探测需要借助减速装备安全着陆。因此，现代战斗机、民用飞机、载人飞船、空间站等均配备环境控制和生命保障系统。

飞行器环境控制和生命保障系统主要应对航空航天场合的特殊"环境"带来的问题，这里的环境可以分为内环境（如舱内环境）和外环境（低温低压大气、结冰气象条件、高速气流吹袭等）。对于外环境主要采用防护措施，而对于内环境主要采用控制措施。例如，为适应高空低温低压环境，飞行器采用具有环境控制系统的增压座舱或密闭座舱；而为对抗结冰气象条件，飞机需要配备防/除冰系统；飞行员跳伞或弹射出舱后通过个体防护装备对抗低压、低温和高速气流吹袭；为防止电子设备超温，需要配备专门的电子设备冷却系统。与此同时，为了研究人员和设备在不同环境条件下的反应，需要进行环境模拟实验。

由于飞行器环境控制与生命保障系统的重要性和特殊性，飞行器环境与生命保障工程一直是航空宇航科学技术一级学科中重要的二级学科，尽管历史上学科名称几经变化。在航空行业，飞行器环境控制与生命保障习惯上归于机载机电设备。现在很多航空主机厂所设有系统部，系统部内设有环控室、高空室、防冰室。高空室的业务范围主要是安全救生。

飞行器环境与生命保障工程专业与建筑环境与能源应用工程专业和能源与动力工程专业

有相近的专业基础,为飞行器环境与生命保障工程技术提供了很大的延伸空间。同时,飞行器环境控制与生命保障技术可以延伸到陆、海载运工具的相关技术领域。所以,本专业毕业生具有广阔的就业市场和继续深造的领域。

就业方面,毕业生主要是到航空航天科研、设计、制造单位和军队有关单位从事设计、研发和工艺管理等工作,也可以到企事业单位的工程或动力部门,建筑设计院,建筑环境设备工程公司和制造厂,以及车辆、船舶空调制冷研发生产厂所从事设计、研发、工艺、施工和设备运行管理等工作。

继续深造主要是国内读研,其次是出国读研。国内读研的主要专业是人机与环境工程,其次是供热、供燃气、通风及空调工程,制冷及低温工程,飞行器动力工程,以及热能工程等。南京航空航天大学本科专业所在的人机与环境工程系具有人机与环境工程和制冷及低温工程两个硕士点,人机与环境工程博士点及博士后流动站。

5.1.2 专业内涵

飞行器环境与生命保障工程主要涉及飞行器内部环境控制,飞机防/除冰、除雨,高超声速飞行器热防护,飞机安全救生,航天器生命保障,人机功效,航空航天生理,以及航空航天环境模拟等。飞行器外部环境控制,飞机防/除冰、除雨,以及高超声速飞行器热防护属于飞行器环境保障范畴。飞机安全救生,航天器生命保障,航空航天生理属于飞行器生命保障范畴。航空航天环境模拟和人机功效跨越飞行器环境控制和生命保障两个领域。从学科的角度,飞行器内部环境控制和飞机防/除冰、除雨归属于飞行器环境控制。但习惯上把飞行器内部环境控制简称为飞行器环境控制,这种情况下,飞机防/除冰、除雨单列于飞行器环境控制之外。

飞行器环境与生命保障技术可以延伸服务于更广阔的技术领域,例如建筑环境与能源应用、能源与动力工程、飞行器动力工程,以及陆海运载工具空气调节与通风等。飞行器生命保障技术可以外延到陆、海、矿安全救生等技术领域。航空航天环境模拟技术可以外延到地面、海上、矿井等领域的环境模拟。

1. 飞行器内部环境控制

飞行器内部环境控制习惯上简称为飞行器环境控制(对于飞机,较早时多称为飞行器座舱空气调节),主要包括以下几方面:

● 载人舱(座舱、驾驶舱)环境控制。把环境参数控制在工作、生活所要求的水平。环境参数包括压力、温度、湿度、风速、含氧浓度,以及清洁度等。环境控制系统功能包括增压、加温、降温、通风、加湿、减湿、空气洁净,以及控制等。

● 电子设备冷却。现代高性能飞行器使用高集成、小型化、大功率、大热流密度的电子设备,需要质量轻、体积小、传热密度大、传热效率高的冷却技术。这是飞行器环境控制面临的技术挑战。例如美国 F–22 飞机,环控系统总制冷能力为 60 kW 左右,其中用于电子设备冷却的超过 50 kW。

● 航空器其他发热设备通风冷却。例如辅助动力设备舱的通风冷却。

● 航天器热控制。为航天器有效载荷有效工作提供适宜的温度环境。

● 飞机燃油箱惰化。向燃油箱提供惰性气体进行增压,使油箱中气相空间氧浓度低于燃油燃烧所需要的最小氧浓度,以抑制飞机油箱燃烧爆炸。

- 飞机燃油热管理。主要是飞机燃油作为热沉后出现的燃油温度管理,以及燃油热管理与环境控制系统的综合。
- 飞机防/除雾(霜)。飞机在正常工作条件下,特别是俯冲飞行时,驾驶舱透明内表面的温度有时会低于驾驶舱空气露点温度,使表面形成雾水,这时如果内表面温度低于 0 ℃,壁面就会结霜。

飞行器内部环境控制系统由很多子系统构成,各分系统(SS)之间可能相互影响,相互作用。图 5.1 所示的是飞机内部环境控制系统(ECS)的基本组成。

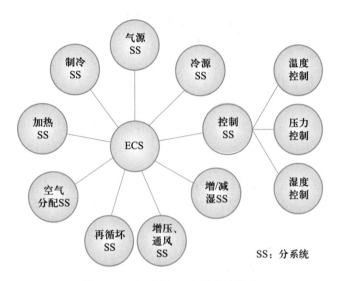

图 5.1　飞机内部 ECS 的基本组成

飞机内部 ECS 主要类型有空气循环 ECS 和蒸发循环 ECS。空气循环 ECS 一般从飞机发动机压气机引气,其功能框图如图 5.2 所示。图 5.3 所示的是典型空气循环 ECS 在飞机上的分布图。

蒸发循环 ECS 的基本原理与日常生活中常见的房间空调器和冰箱制冷系统相同。

2. 飞行器生命保障

20 世纪 90 年代初以前,我国没有涉足载人航天,飞行器生命保障工程主要局限

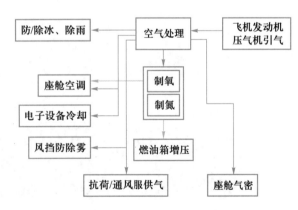

图 5.2　空气循环 ECS 功能框图

于飞机安全救生,所以当时的专业名称为飞行器环境控制与安全救生。20 世纪 90 年代后,我国载人航天起步,所以在《普通高等学校本科专业目录》(1998 年颁布)中,本专业更名为飞行器环境与生命保障工程,这标志着我国本专业正式包括载人航天领域。但是在航空领域,飞行器生命保障仍然习惯上称为安全救生。

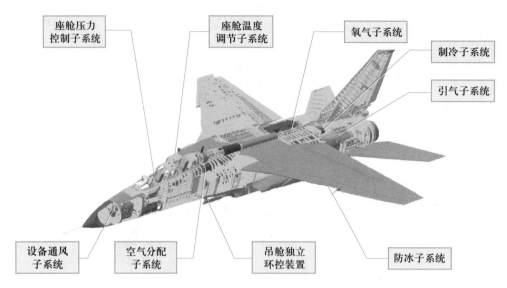

图 5.3　典型空气循环 ECS 在飞机上的分布图

（1）飞机安全救生

飞机安全救生主要包括军机弹射救生系统，降落伞与气动减速系统，个体安全防护设备，供氧系统，民机应急救生系统，直升机救生技术等。

● 弹射救生系统。弹射救生主要技术包括弹射座椅、降落伞以及弹射通道。军用飞机需要配备弹射座椅，以便在飞机失事时，保证乘员能迅速弹射离机，并安全返回地面或水面。图 5.4 所示的是一次飞机弹射座椅弹射试验。

图 5.4　一次飞机弹射座椅弹射试验

此外，在飞机正常飞行时，弹射座椅为乘员提供舒适而能有效工作的座位。在乘员应急弹射离机时，需要提供安全的弹射通道，即有效清除弹射通道中的障碍物，抛弃舱盖，保证乘员和座椅不受阻碍和干扰，从而安全弹离座舱系统。为了使乘员以适宜的速度着陆（水），需要配备降落伞减速系统。

● 降落伞与气动减速系统。气动减速器是一种依靠其结构形状和性能特征来改变飞行器（或运动物体）的气动特性，使飞行器稳定减速并实现软着陆的重要装置（图5.5），在飞行器回收、空降空投、星际探测、武器装备等方面都具有非常广泛的应用。气动减速系统包括充气式气动减速系统、机械式可展开气动减速系统、弹道式降落伞减速系统、滑翔式翼伞系统等多种结构形式。其中，降落伞系统是实现气动减速的基本途径（图5.6）。在弹射座椅系统和空降空投系统中均包括降落伞系统，以保证乘员或物资以安全的速度着陆（水）。在飞机短距离着陆中，常使用降落伞系统实现气动减速。气动减速装置若出现故障无法正常工作，有可能物毁人亡，甚至造成非常严重的政治军事后果。

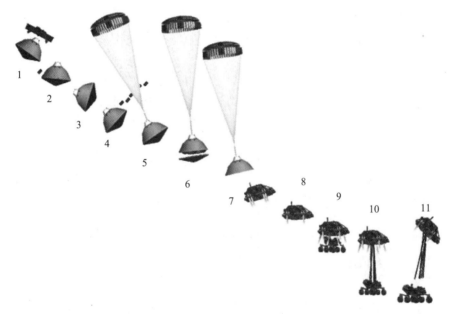

图 5.5　火星科学实验室的进入、减速、着陆过程（气动减速器）

1—巡航级分离；2—巡航平衡质量块弹射；3—导航升力式进入；4—进入平衡质量块弹射；5—降落伞展开；6—防热大底分离；7—背罩分离；8—有动力下降；9—巡视器分离；10—空中吊车；11—巡视器着陆，下降级飞离。

图 5.6　Viking 型盘缝带伞及 MPF 型盘缝带伞（降落伞系统）

● 个体安全防护设备。军用机乘员有遭遇诸如高空(低气压)、过载、碰撞、高速气流、低温、高温等不寻常环境和状态的危险,需要有相应的个体防护系统,包括密闭头盔、氧气面罩及供氧系统、高空代偿服、代偿背心、抗荷服、通风服、液冷服、抗浸服、保护头盔、救生背心、腋下救生器等,既保证空勤人员在飞行中有效工作,又可在紧急情况下防护救生,以及保障海上、沙漠生存待援。

● 供氧系统。供氧系统又称氧气系统,其主要功能是在飞行过程中为乘员提供呼吸用氧,以防止高空(低气压)引起的人体高空缺氧。

● 民机应急救生系统。在民机应急迫降成功后,需要保障乘员从飞机上应急撤离,以及撤离后的安全救生。

● 直升机救生技术。随着社会经济不断发展,直升机以其可在低空空域垂直起降和悬停而被广泛应用于运输、旅游、能源勘探与开采等众多领域,而这也造成了直升机较固定翼飞机有更多的飞行事故。

(2) 航天器生命保障

图 5.7 所示的是航天器环境控制与生命保障系统(ECLSS)功能示意图。航天器生命保障主要包括以下方面:

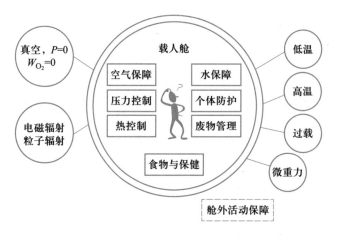

图 5.7 航天器 ECLSS 功能示意图

● 空气保障:O_2 和 N_2 的再生与储存,CO_2 等污染物的去除(也可归为环控)。航天器太空飞行中,没有空气可用,需要自带 O_2 和 N_2,生成舱内气体。自带的 O_2 和 N_2 是有限的,需要对舱内气体再生(把航天员呼出的二氧化碳经过一系列物理化学反应还原为氧),去除 CO_2 等污染物,重复利用。

● 水保障(水再生、净化、储存、供应):供给航天员生活和卫生用水并回收和再生废水。短期飞行的载人航天器可装备储水容器从地面装载清洁水,配备简单的供水系统。长期飞行和多乘员时,由于耗水量大,必须装备废水处理系统,以回收和再生大部分或全部废水和尿液。

● 舱外活动保障:航天员舱外作业所携带的个体防护装备。包括航天服,携带式生命保障系统,以及个人救生装备等。

● 食物与保健:食物保障,卫生保障,医学保障。食物保障包括冷冻、冷藏和常温储存食物的设备,以及配餐和供应饮食的设备。通常还包括室内植物培育系统,可以在室内与容器中栽培食物,重复利用所有可重复利用的营养物质。

● 废物管理:可把人体废液和废物,以及其他废物,综合处理成为有用的气体和清洁水,以及固体残渣。有些尿液处理系统还必须包括预处理和后处理等过程。

● 航天器回收与气动减速系统。航天器回收中需要使回收物以安全的速度着陆,气动减速系统是实现这一目标的基本途径。该功能未显示在图 5.7 中。

(3) 航空航天生理学

航空航天生理学主要研究人在飞行条件下,处于诸如超重、失重、气流冲击、振动、噪声、低压缺氧、高温、低温、辐射等单一或复杂环境时,人体内各器官组织的生理功能反应,人体对这些环境因素的适应能力和耐受能力、飞行工作能力,以及对不良环境因素的防护措施等,为飞行器生命保障系统设计提供依据。

3. 飞行器环境防护

(1) 飞机防/除冰及除雨

飞机防/除冰及除雨均属于飞机外部表面防护。防冰是指使表面不出现冰;除冰是指除去已经出现在表面上的冰。

飞机在结冰条件下飞行时,云层中过冷水滴的撞击会造成机翼表面、各种传感器和探测器、发动机进气口、风挡玻璃及其他部件表面结冰(图 5.8),影响飞机飞行性能和安全,所以必须设置防/除冰系统。

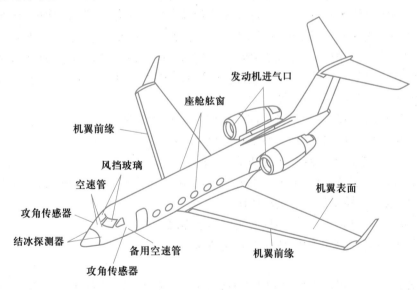

图 5.8　飞机结冰部位示意图

在雨中飞行时,透明外表面会遇到雨,影响视觉,需要除雨系统。

(2) 高超声速飞行器热防护

高超声速飞行器技术是 21 世纪世界航空航天事业发展的一个重要方向。它能够综合集成并物化为高超声速导弹、高超声速飞机和空天飞机等高超声速武器和先进航天器,对国际战略格局、军事力量对比、科学技术和经济社会发展,以及综合国力提升等,具有重要影响。

高超声速飞行器在大气层或跨大气层中长时间超声速或高超声速飞行时,鼻锥、翼前缘、舵面以及发动机燃烧室等处将面临严重的气动加热与热负荷。因此需要进行热防护,防止高温可能导致的飞行器结构变形,结构强度及刚度的破坏,甚至飞行器的失效和烧毁。图 5.9 是马赫数 $Ma=8$ 时高超声速飞行器气动加热表面温度分布。

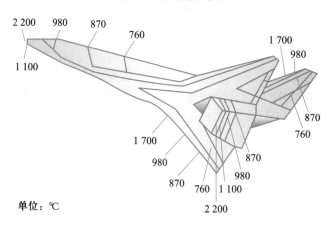

图 5.9　$Ma=8$ 时高超声速飞行器气动加热表面温度分布

4. 航空航天环境模拟

在飞行器环境控制与生命保障系统和设备的研发中,需要确定其在航空航天工作环境下的适应性和工作的有效性及可靠性,为此需要模拟航空航天工作环境,对所研发的系统和设备进行试验研究与性能试验。航天员和军用机飞行员需要在超重、失重、气流冲击、振动、噪声、低压缺氧、高温、低温、辐射等单一或复杂环境下进行体能训练。所以,航空航天环境模拟成为本专业重要内容。以下列举的是几个主要的环境模拟项目,其中某些环境可能需要同时模拟,例如高空高温环境、高空低温环境等。

- 高空(低气压)环境,主要设备为高空模拟舱和抽真空系统;
- 高温环境,主要设备为热动力系统和试验空间;
- 低温环境,主要设备为制冷系统和试验空间;
- 微重力环境,主要模拟设备为零重力飞机(也称失重飞机)、落塔(井)和轨道飞行器;
- 结冰环境,主要模拟设备为结冰风洞;
- 过载环境,主要模拟设备为零重力飞机和地面离心机;
- 太阳辐射环境,主要模拟设备为太阳模拟器。

5. 人机功效

人机功效跨越飞行器环境控制和生命保障两个领域。它同时考虑人、环境与硬软件界面问题,研究人、机与环境之间的交互关系,探讨如何实现乘员–飞行器–环境系统最优化,使飞行员能够安全、高效、舒适地工作等。

5.1.3　本专业技术的外延

1. 飞行器环境控制技术的外延

飞行器环境控制技术可外延到如下几个方面:

- 建筑环境与能源应用。向这个领域的延伸主要包括供热、通风和空气调节领域的设计、研发、试验以及施工安装和运行管理。供热一般包括向建筑空间热交换设备供热水、蒸汽,向建筑空间送热风,以及太阳能采暖等。通风一般指把室外空气(新风)送入室内,把室内空气(不清洁的空气)排出室外。空气调节是把建筑空间内的环境参数控制在所要求的水平,与飞机载人舱(飞机座舱、驾驶舱)环境控制有很多类似。作为空气调节冷源生成,该领域包括了制冷工程。对应的研究生专业为供热、供燃气、通风及空调工程。

- 能源与动力工程。向这个领域的延伸主要包括热能利用、民用热交换设备、能源利用与回收、新能源(太阳能、风能等)利用、热动力工程,以及核工程与核技术等。对应的研究生专业为制冷及低温工程、工程热物理、热能工程、动力机械及工程,以及流体机械及工程等。

- 飞行器动力工程。可延伸至发动机冷却、发动机进气道防/除冰及发动机部件气动热力学设计等。对应的研究生专业为航空宇航推进理论与工程。

- 交通运输、海洋、矿业工程。向这个领域的延伸主要包括陆海运载工具的空气调节系统、通风与制冷系统,矿井通风,以及陆海矿热环境模拟等。

2. 飞行器生命保障技术的外延

飞行器生命保障技术可以外延到陆、海、矿安全救生等技术领域。

5.1.4　本专业在南京航空航天大学的历史沿革

20世纪70年代以前,我国沿用苏联的学科名称,对应于现在的飞行器环境与生命保障工程专业,当时称为高空设备专业。南京航空航天大学(原南京航空学院)高空设备专业1957年筹建,1960年开始招生,在很长一段时间内隶属于飞机系,2000年随飞机系并院至今。专业名称随着国家《普通高等学校本科专业目录》的调整经历了两次变化,如表5.1所示。随着专业名称的变化,专业内涵与外延也不断拓展。

表 5.1　本专业在我校的历史沿革

年份	所在院系	专业名称(变迁)
1960	飞机系(3系)	高空设备
1970	飞机系(1系)	高空设备
1984	飞机系(1系)	飞行器环境控制与安全救生
1998	飞机系(1系)	飞行器环境与生命保障工程
2000	航空宇航学院(1院)	飞行器环境与生命保障工程
2019	航空学院(1院)	飞行器环境与生命保障工程

对应于飞行器环境与生命保障工程专业的研究生专业(硕士、博士)是人机与环境工程。这是航空宇航一级学科中,本科专业与研究生专业名称差别最大的二级学科。南京航空航天大学1981年获得硕士学位授予权,当时的专业名称与本科专业相同,为高空设备,1986年随着国家研究生专业目录调整,更名为人机与环境工程专业,其后一直未变。1998年获得博士学位

授予权,设有博士后流动站。

南京航空航天大学飞行器环境与生命保障工程专业 2003 年被原国防科工委确定为国防重点建设专业,2005 年被江苏省教育厅定为江苏省高校特色专业,2012 年入选"十二五"江苏省航空航天类重点专业,2016 年进入"航空适航技术国防特色学科"建设,2017 年获批飞行器环境控制与生命保障工业和信息化部重点实验室,2021 年获批国家一流专业建设点。南京航空航天大学人机与环境工程 2007 年被批准为国防特色主干学科,2021 年纳入航空宇航科学与技术一流学科建设。由中国科学评价研究中心(RCCSE)、中国科教评价网和武汉大学中国教育质量评价中心(ECCEQ)发布的分专业排行榜中,本专业的国内排名始终保持在前两名,有时第一,有时第二。

5.2　教学安排

5.2.1　业务培养目标

培养出基础理论扎实、专业知识系统、国际视野开阔、创新能力和工程实践能力突出、德智体全面发展的高级工程技术人才。毕业生具有良好的科学素养,具备航空航天环境控制与生命保障系统及附件的设计、试验与研发能力,既能在航空航天领域从事环境控制与生命保障系统及附件的设计、研发和试验等技术工作,也能在民用领域从事能源利用、制冷空调、环境控制和设备热管理等系统和附件的设计、研发和试验等技术工作,同时可进入国内外高等院校、科研院所继续深造。

5.2.2　业务培养要求

本专业学生培养采取"2+2"的培养模式,一、二年级采用"贯通式"航空航天大类培养,三、四年级进入飞行器环境与生命保障工程专业,按照专业教学计划继续学习。本专业毕业生在知识和能力等方面应满足如下要求,成为高级工程技术人才和未来开拓者。

1. 知识学习方面

(1) 系统掌握本专业领域必需的技术基础理论知识,主要包括高等数学、工程图学、机械设计、计算机应用、电工电子学、自动控制原理等。

(2) 系统掌握传热学、流体力学、工程热力学、理论力学、材料力学、空间环境工程、人机工程、测试技术等专业基础理论。

(3) 系统掌握飞行器环境控制和生命保障专业知识,并了解本领域的现状与发展趋势。

(4) 掌握民用暖通、空调和制冷等专业知识。

(5) 扎实掌握英语语言;掌握文献检索、资料查阅的基本方法。

(6) 掌握工程经济分析、工程管理与经济决策等方面的基本理论知识。

(7) 具有较好的人文、艺术、哲学、道德和社会科学基础知识。

2. 能力培养方面

(1) 具有较强的分析问题、解决问题的能力,具有较强的创新能力和较高的综合素质,能够熟练应用所掌握的本专业领域的基础理论和专业知识,识别、表达、分析复杂工程问题,解决工程实际问题。

(2) 系统掌握飞行器环境控制与生命保障系统和附件的设计方法,能够设计出满足特定需求的系统、单元(部件)或工艺流程,并能够在设计环节中体现创新意识。具有系统集成、研究、开发、试验、调试及运行管理的能力。

(3) 具有融会贯通、举一反三和交叉融合能力,能够将各类知识用于解决飞行器环境控制与生命保障领域的复杂工程问题,并与专业基础相近的相关民用专业知识(例如暖通、空调、制冷和能源应用工程)融会贯通,灵活应用。

(4) 具有较强的外语和计算机应用等能力,能够选择使用恰当的技术、资源、现代工程工具和信息技术工具,解决复杂工程问题,能够综合应用外语、网络等知识查询文献资料和获取信息。

(5) 具有较强的语言、文字表达能力和沟通、组织能力,能够就复杂工程问题与业界同行及社会公众进行有效的沟通和交流,包括撰写报告和设计文稿、陈述发言、清晰表达或回应指令等。

(6) 具有较强的工程项目协调和管理能力,能够在多学科背景下的团队中承担个体、团队成员以及负责人的角色。

(7) 具有较强的自主学习能力和终身学习意识,能够在科学技术快速发展的形势下,通过自学,快速掌握新知识和新技术。

5.2.3 素质要求

本专业毕业生除了具备扎实的专业知识和突出的能力外,还必须具有良好的素质,满足以下要求:

(1) 热爱中国共产党,热爱祖国,具有较高的政治素质和良好的思想品质及职业道德,具有较强的法制观念、诚信意识和社会责任感,红专并进,志存高远。

(2) 具有健全的心理素质和健康的体魄,受到必要的军事训练,达到国家规定的学生体育和军事训练合格标准,能够履行建设祖国和保卫祖国的神圣义务。

(3) 具有团队协作精神。任何一个飞行器环境控制和生命保障系统的实现都是由专业团队共同完成的,每个参与人都是某个专业团队的一员,因此团队协作精神对于个人成长和任务的完成十分重要。本专业将通过团队毕业设计、分组课程设计、小组申报大学生创新项目和社会实践项目,以及各种分组课程实验等方式,培养学生发挥各自优势、协作完成共同任务的团队协作精神。

(4) 具有全局观念。要获得整体较优的设计就意味着各种约束条件的权衡,局部最优不代表整体最优。因此,每一位专业人员不能只强调所负责部分的重要性而忽视他人的意见和贡献,要善于沟通协调、顾全大局、谋取整体最优,要正确认识他人的贡献,客观评价自己的贡献,成绩荣誉面前不争名夺利。

(5) 具有学术胆识。在科学技术工作中,难免遇到新设计、新技术和需要攻克的关键难题,具有技术风险。这种情况下,谨小慎微,畏首畏尾,不但不能充分发挥自己的知识能力,而且会失去机遇,裹足不前;盲目自大,低估风险,会招致失败,给国家和单位造成损失。如何在这种情况下进行合理研判,做出正确选择,需要学术胆识。

（6）具有超越意识。航空航天技术一直是国际竞争的焦点，因此在从事技术工作中，应具有国际视野，敢于创新，敢于超越。

（7）具有较强的社会责任感和法律意识。能恰当评价专业工程实践和解决方案对环境、健康、安全、文化和社会可持续发展的影响及合法性，理解应承担的社会和法律责任。

5.2.4 课程设置

1. 指导思想

围绕学校"培养具有责任意识、创新精神、国际视野、人文情怀的社会栋梁和工程英才"的本科人才培养总体目标，遵循"厚基础、宽口径、重交叉、强实践"的基本方针，根据飞行器环境与生命保障工程对人才的知识、能力和素质的要求，拟定出本专业学生在校期间应获得的知识结构，进而形成课程体系。

虽然飞行器环境与生命保障工程共同作为一个二级学科，但它们的学科基础是不同的。飞行器环境工程的学科基础主要是热流体科学，其次是控制论，而生命保障工程的学科基础主要是力学。而且从前述的专业内涵可以看出，本专业范围很广，导致要学的内容很多。因此，在课程设置上，必须有所取舍。根据国家产业体量和就业市场，本专业课程设置长期以来偏重于飞行器环境工程，其次是生命保障工程，同时考虑了在建筑环境与能源应用工程领域的延伸。

2. 课程构架

飞行器环境与生命保障工程专业课程构架参考图如图 5.10 所示。

3. 专业核心课程

按重要性可将课程分为选修课、必修课和核心课。必修课圈定了专业基本范围，是该专业学生必修完成的课程，而核心课是专业必修课中最重要的课程，飞行器环境与生命保障工程专业的专业核心课程有 8 门，共计 24 个学分，约占专业总课时的八分之一，如表 5.2 所示。

表 5.2　飞行器环境与生命保障工程专业核心课程

课程平台	课程代码	课程名称	学分数
学科基础	01402020	流体力学	4.0
	02203010	传热学 I	3.0
	02202010	工程热力学 I	3.0
专业教育	01403260	制冷附件	3.5
	01404190	空调用制冷技术	3.0
	01404850	防护救生技术	2.5
	01404740	飞行器环境控制	3.0
	01404060	飞机座舱参数控制	2.0
合计学分			24.0

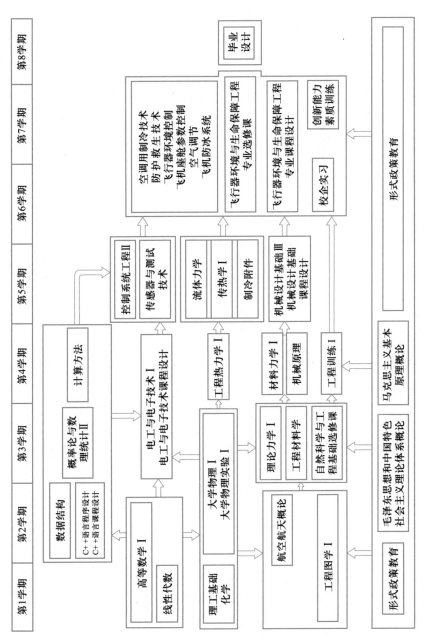

图 5.10 飞行器环境与生命保障工程专业课程构架参考图

4. 修读办法及学分要求

采取"2+2"培养的课程设置模式。学生一、二年级采用"贯通式"航空航天大类培养,在长空学院航空航天类专业学习时,应修满 106 学分;三、四年级进入飞行器环境与生命保障工程专业学习,应修满 71 学分。本专业学生在各课程平台中所修读的课程学分应满足培养方案中各课程平台最低学分要求,在校期间修满 177 学分,方可毕业。

学生修读课程应在导师指导下,根据自己的学习情况合理安排,按照学校通知,实行网上选课,并通过网络选课系统提交。本专业学分要求如表 5.3 所示,学分修读参考进程如表 5.4 所示。修读副修专业和第二专业以及获准免修、免听的学生可适当放宽。

表 5.3 飞行器环境与生命保障工程专业学分要求

课程平台	最低学分要求	必修课学分	选修课学分
通识教育	70.0	63.0	7.0
学科基础	46.5	46.5	0.0
专业教育	30.0	20.0	10.0
实践能力培养	30.5	28.5	2.0
合计	177.0	158.0	19.0

表 5.4 飞行器环境与生命保障工程专业学分修读参考进程

年级	应修学分	累计应修学分
一年级	51.5	51.5
二年级	54.5	106.0
三年级	45.5	151.5
四年级	25.5	177.0

5.3 研究方法与技术手段

5.3.1 概述

飞行器环境与生命保障工程的研究方法和技术手段一般可抽象为理论、实验和数值模拟三种。这三种方法既相对独立,又相互关联,组成了本专业问题的解决体系,如图 5.11 所示。数值模拟也常称为数值仿真。概念上,实验和试验意思相近,不宜区分。一般说来,实验指的是根据一定的目的,运用必要的手段,在人为控制条件下,观察研究事物的实践活动,它包括了试验;而对于测试检验产品或对象性能、效果的实验活动,一般称为试验。这可能是研究单位多用实验这个词,产品研制厂商多用试验这个词的主要原因。

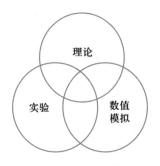

图 5.11 飞行器环境与生命保障工程的一般研究方法和技术手段

　　理论方法的原理分析、机理探讨与数学建模,往往需要实验和数值模拟的支撑。实验方案的制定、实验数据的分析处理以及实验现象的理解,离不开理论分析,有时甚至需要借助于数值模拟分析。而数值模拟中的数学建模,需要以理论研究为基础,同时需要实验研究补充方程和条件,并需要反复对照实验结果发现问题,促进和帮助数学模型的完善,检验程序设计的正确性。

　　工程实践中,某些问题的解决可能偏重于其中的一种或两种方法,某些则需要三者综合运用。对于不同的研究对象,三者所起的作用有所不同。例如对于一款产品的改型,一般先用设计理论进行产品设计,产品生产出来后,通过试验检验其性能是否满足设计要求。又如对于一款在复杂流场和温度场下工作的新产品,或者其内部过程包括了复杂的流场和温度场,其设计只有简化的理论计算往往是不够的,常常需要借助于数值模拟分析。而产品研制出来后,需要进行多方面的性能试验和环境试验。性能试验中,对于环境条件无法实现的情况,需要结合数值模拟分析。

5.3.2　理论方法

　　狭义的理论方法一般指基于基础理论开展机理分析。对于热流体系统,机理分析一般在研究流体质量传递、能量传递、动量传递、相间作用、边界条件等的基础上,建立描述流体流动传热的各类控制方程和封闭方程,经过合理简化,在一定条件下,经过解析推导和运算,获得解析解,用此对研究对象的内涵特征进行分析与预测。一般地,需要将理论分析结果与实验研究或数值模拟结果进行比较,验证其准确性。理论方法的优点在于所得结果具有普遍性,各种影响因素清晰可见,但它需要对研究对象进行抽象简化,才能得出理论结果。理论分析主要用于数学建模、定性分析、机理分析、初步设计等。

　　飞行器环境控制与生命保障系统和附件的内部结构和工作过程复杂,因而描述其原理与机理的数学模型往往十分复杂。这种情况下,理论分析方法往往无法胜任对其内涵特征分析与预测的要求,要获得理论研究建立起来的数学模型的解,更多的是采用数值模拟的方法。由于这个原因,通过数值模拟进行分析研究,有时也被称为理论研究。

　　工程设计利用设计理论进行产品设计,有别于实验和数值模拟,是广义上的理论方法。工程设计中使用的计算公式往往是在大量简化或实验的基础上获得的,其准确性受到简化条件或实验条件的制约,在设计过程中应对所使用的计算公式进行精确度评估,不能不加甄别的使用。

　　随着计算机硬件和设计分析软件的快速发展,计算机辅助设计(CAD/CAE)已贯穿飞行器环境与生命保障系统和附件设计的全流程。目前的设计基本上全部实现了数字化和无图纸设计,极大地提高了设计质量和研制进度。

5.3.3　实验方法

　　产品研制和基础研究过程中,需要进行各种类型的实验。例如,环控系统研制过程中,在性能方面,需要进行附件(部件)试验、分系统试验、系统联式和飞行试验。而附件和系统设计中用到的很多计算公式,则来自大量的基础实验研究。又如,附件研制过程中,除了性能检测试验之外,还要进行环境(如高温、低温、压力、盐雾等)耐受试验和可靠性试验等。

　　为了进行实验,需要将所需要的设备、装置、数据采集与控制仪表等搭建成实验系统,被试对象是实验系统的一个组成部分。通过数据采集设备直接测量获取所需要的各种参数,例如温度、压力等。实验方法可以获得真实可信的结果。但实验往往受到模型尺寸、运行条件、实验场地、周期与费用、人身安全、测量精度等的限制,有时可能很难通过该方法得到准确结果。

作为全国唯一的飞行器环境控制与生命保障工业和信息化部重点实验室,本专业先后建成了多个大型实验设备。下面举例说明飞行器环境与生命保障系统研制过程中的若干实验。

1. 高空(低气压)实验

大气中的压力随高度增加而降低,一个粗略的估算方法是,高度每增加 16 km,大气压力降低一个量级。也就是说,16 km 高空,气压只约为地面的十分之一。所以,高空(低气压)实验是很多飞行器环境控制与生命保障系统研制过程中的基本实验。

传统上,我国环境控制系统研制主要是军机方面。随着我国民用大飞机的研制,舱内环境(温度、湿度、压力、空气速度、污染物浓度等)成为适航工作的重要内容,对环境控制系统性能提出了严格的指标要求,民机环境控制系统低气压性能试验已逐步展开。此外,人体在低气压中的应激反应以及低气压下的人机功效研究,也需要低气压环境模拟。

高空环境模拟设备主要由高空模拟舱、真空泵系统、热动力系统、低温制冷系统、数据采集与控制系统等组成。南京航空航天大学飞行器环境控制与生命保障工业和信息化部重点实验室拥有国内高校规模最大的高空环境模拟设备,其高空环境模拟舱如图 5.12 所示。

图 5.12　南京航空航天大学飞行器环境控制与生命保障工业和信息化部重点实验室高空环境模拟舱

2. 微重力实验

微重力实验是航天环境控制与生命保障系统研制的关键实验。微重力环境模拟平台主要有轨道飞行器和地面实验平台。

按照微重力持续时间,轨道飞行器可分为长期驻留轨道飞行器(如空间站、通信/导航卫星等)、短期飞行轨道飞行器(如航天飞机、载人/货运飞船、返回式卫星等),以及短时间飞行器(如零重力飞机、深空气球、探空火箭等)。地面实验平台主要是落塔和落井。

零重力飞机是一种利用飞机抛物线飞行来模拟微重力环境的设备,零重力飞机抛物线飞行的典型飞行曲线如图 5.13 所示,经过平飞加速阶段后,飞机跃起爬升至最高点,然后按抛物线下降,其间可获得 20 s 左右的微重力时间和 20 s 左右的 1.8~2 g 的超重力时间,微重力模拟精度可以达到 10^{-3}~10^{-2} g。

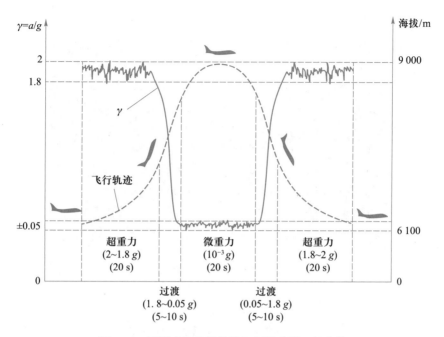

图 5.13　零重力飞机抛物线飞行的典型飞行曲线

3. 过载实验

航天器发射和战斗机机动飞行过程中,形成很大的过载(超重)。例如,四代战斗机的正常飞行最大过载为 $9g$ 左右,未来高超声速飞行器预计过载可达 $15g$,其中 $g \approx 9.8 \text{ m/s}^2$,是地球重力加速度,也称为常重力。因此,一些飞行器环境控制与生命保障系统研制过程中需要进行过载实验,乘员需要进行过载体能训练,飞行器环境控制与生命保障系统设计中的某些基础设计理论,例如机载蒸发循环制冷系统中的流动沸腾传热和冷凝传热计算方法,需要通过实验研究建立。过载环境的模拟设备目前主要是地面离心机。

南京航空航天大学对于过载下的流动沸腾传热已经开展了十几年的研究,成果水平处于世界领先地位。过载模拟采用地面离心实验台。实验系统有三个主要组成部分:离心机,流体循环系统,数据采集与控制系统。离心机依靠电机带动转台或转臂旋转产生的向心力模拟过载。图 5.14 是一个大直径离心机。它具有 6 个货架,向心加速度可达 $20g$。图 5.15 是南京航空航天大学过载实验台上的流体循环系统和数据采集与控制系统实拍照片。

4. 结冰风洞实验

结冰风洞是评估飞行器结冰和防冰的实验研究平台。结冰风洞出现已有七十多年,随着研究对象和测试手段的发展,结冰风洞也在不断发展中。目前,美国、中国、英国、意大利等都建有结冰风洞,其中最为著名的是美国 NASA 格林研究中心的结冰研究风洞(IRT)。该风洞始建于 1944 年,是世界上建成最早、规模最大的结冰风洞,其后经历过多次改造。风洞试验段长为 6.1 m,截面尺寸为 2.74 m × 1.83 m,空气温度可以控制在从室温到 −30 ℃ 范围内。2014 年,中国空气动力研究与发展中心建成大型结冰风洞。南京航空航天大学的小型研究型结冰风洞于 2014 年建成,如图 5.16 所示。

图 5.14 一个大直径离心机

图 5.15 南京航空航天大学过载实验台上的流体循环系统和数据采集与控制系统实拍照片

图 5.16 南京航空航天大学的小型研究型结冰风洞

5. 弹射座椅实验

弹射座椅的发展已经经历了第一代弹道式弹射座椅、第二代火箭动力座椅、第三代多态程序控制座椅三个阶段。目前,第四代自适应控制弹射座椅系统正在逐步走向成熟。弹射座椅在研制过程中必须进行弹射实验,如图 5.4 所示。

5.3.4 数值模拟

数值模拟也叫数值仿真。数值模拟研究的一般思路如下:建立数学模型,给定初始条件和边界条件;采用合适的离散方法对其中的微分项进行离散,获得可编程离散方程组;采取合适的计算方法,编写计算机求解程序;利用实验数据验证程序,用验证过的程序进行各种计算分析。其中,数学建模和计算方法是关键,它们关系到计算的准确性和稳定性。

数值模拟是重要的研究手段,有时候又是理论研究必不可少的工具。通过数值模拟,可以对研究对象的运动和热流体过程进行细微观察,不仅可以了解系统运行的结果和整体过程,而且可以揭示运动和传热局部的细微的过程,以便更准确系统地把握流动传热现象及过程发展规律。

数值模拟有时直接用于工程设计,对实验研究进行指导和补充。此外,数值模拟可以替代一些危险的、昂贵的甚至难以实施的实验。

对于飞行器环境控制与生命保障领域,目前市场上已经出现了一些流行的商业软件,例如热流体系统仿真分析软件 ANSYS CFX、ANSYS Fluent 和 Flowmaster,热/结构仿真分析软件 ANSYS Mechanical,热流固耦合仿真分析软件 LS-DYNA 等。研究者也可以自己建立数学模型,开发仿真软件。在飞行器环境控制与生命保障领域,MATLAB\Simulink 和 AMESim 是比较流行的仿真软件开发平台。

5.3.5 半物理仿真

如前所述,在飞行器环境控制与生命保障系统的研制过程中,需要对系统总体、分系统及附件进行实验研究。传统的方法是对实物进行实验,即物理仿真。物理仿真存在一些困难,例如要对一个系统进行实验,或对其中的某分系统或附件在组装到系统中的性能特性进行实验,组成该系统的所有附件和分系统必须有实验件可用。

半物理仿真又称为硬件在回路仿真,它将物理实验与数值仿真有机结合在一起。对于系统中没有实物的附件,半物理仿真允许以模拟物和数值仿真器取代,并且通过相应的模拟生成外围激励,从而在系统部件不全和不能真实实现外围激励的情况下,获得接近实际情况的实验系统,通过实验得到系统的确切信息。由于将物理实验与数值仿真有机结合,半物理仿真同时具有物理实验和数值仿真的双重优点,使系统的研发具有良好的可控性、重复性和经济性。相对于物理实验,它可以显著简化实验系统,大幅节省时间和费用。相对于数值仿真,它具有较高的精度和可信度。

图 5.17 为环境控制系统半物理仿真实验台示意图。其中,环境控制系统硬件中,附件不全,缺少的附件需要用数值仿真器和模拟物替代。

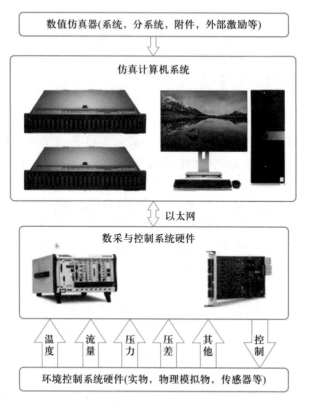

图 5.17 环境控制系统半物理仿真实验台示意图

5.4 南京航空航天大学飞行器环境与生命保障工程专业的特色

南京航空航天大学飞行器环境与生命保障工程专业自建立以来,经过了从单纯教学,到教学为主、科研为辅,再到教学科研并重的历程。研究方面经历了以实验研究为主,到实验研究与设计研发并重,再到今天的实验研究、设计研发、数值仿真与应用基础理论研究全面发展的格局。

长期以来,承担了兵器工业部、总装预研局、航空航天集团公司等企事业单位的众多型号项目,以及国家 973、国防 173、国防基础预研、国家自然科学基金、两机专项、航空科学基金、博士点专项基金、江苏省自然科学基金等学科基础研究项目。在航空方面,先后承担了国内大量重点型号项目的飞行器环境与生命保障系统研究,包括歼击机系列、运输机系列、轰炸机系列、预警机系列、教练机系列、旅客机、特种飞机等。在航天领域的航天器热控、回收等领域的基础科研和型号项目研制中也取得了优异的成绩,空间防护与控制及航天器回收等领域的研究成果已成功应用于神舟系列载人飞船、嫦娥工程、暗物质粒子探测卫星等项目。

经过本学科历代教授专家的不懈努力,本专业筑就了坚实宽广的科研平台,为我国航空航天各类型号研制做出了突出贡献,先后获国家科技进步一等奖 1 项,省部级科技进步奖二十多项,在教学、科研方面形成了独特的专业特色。

5.4.1 教学和人才培养

1. 多学科交叉

本专业具有多学科交叉的特色。学生不但同时修读飞行器环境与生命保障工程课程,还可选修部分建筑环境与能源应用课程。飞行器环境控制的学科基础主要是热流体科学,其次是控制论。生命保障工程的学科基础主要是力学。建筑环境与能源应用虽然与飞行器环境控制有相同的学科基础,但由于应用对象不同,专业知识和解决问题的方法思路存在很大差异。这种多学科交叉不仅使学生具有很宽的知识面,而且开阔了学生的思维空间和技术视野。

2. 飞环、建环融合

本专业具有飞环、建环融合的特色。南京航空航天大学飞行器环境与生命保障工程专业在以航空航天为主的同时,自 1984 年响应国家军转民的要求起,在学生培养上积极向建筑和地面运载工具领域拓展,开设了空气调节与制冷技术方面的选修课,所学知识可以用于建筑和地面运载工具的空调制冷及相关领域。这一努力催生了本专业的姊妹专业——建筑环境与能源应用工程(2002 年获批,原名建筑环境与设备工程),形成了飞环、建环融合的局面。2007 年获批低温及制冷工程二级学科硕士授权点。

由于在课程设置和学生培养上的多学科交叉,以及飞环、建环融合,所以本专业毕业生专业口径宽,知识领域广,适应能力强,可以在任何涉及传热、制冷、环境控制和生命保障工程的国防及民用部门工作,可以在人机与环境工程、制冷及低温工程、供热、供燃气、通风及空调工程、飞行器动力工程、热能工程等众多专业选择读研深造,大大拓展了毕业去向空间。

3. 国际化教学

本专业国际化教学特色显著。开设了双语课程和留学生英语课程,其中本科留学生英语课程"Aircraft Environment Control"(飞行器环境控制)2016 年成为国家级精品课程。而且,本专业对应的南京航空航天大学硕士研究生和博士研究生专业均有全英文课程,与国际留学生同堂上课,形成了从本科生、硕士研究生、博士研究生均有国际化教学课程的局面,开阔了学生的国际化视野。

5.4.2 飞行器环境控制研究

在飞行器环境控制领域,本专业在环控实验技术、环控系统设计和建模仿真、两相流与传热、飞机燃油箱惰化、浮空器热特性建模仿真等方面的研究,具有鲜明特色。

1. 环控实验技术

本专业实验室是国内最早从事飞行器环境模拟并具有型号科研能力的高校实验室,具有国内高校规模最大的环境模拟实验设备。先后承担了国内大量重点型号项目的飞行器环境控制系统与附件的实验研究,包括歼击机系列、运输机系列、轰炸机系列、预警机系列、教练机系列、旅客机、特种飞机等。在完成项目实验过程中,本专业十分重视实验方法研究。在国内率先将计算机仿真与实验相结合,指导实验规划和方案设计,获得了创新性的实验方法,解决了常规方法不能解决的问题,为歼-10 等型号环控系统实验任务的完成做出了重要贡献。首次提出了座舱热载荷平行射流实验方法,并用于新型教练机座舱热载荷实验,圆满完成了该型号环控系统实验任务。先后获得国家科技进步一等奖 1 项,省部级科技进步奖十几项。

除了飞行器环境控制系统与附件以外,还承担了大量电子设备和雷达的高温、低温、低气压及综合环境实验任务。除了承担实验项目以外,还帮助外单位建造了一些大型环境控制实验设备,例如空气循环系统实验台,蒸发循环系统实验台,座舱热载荷实验台,飞机座舱盖加温加载实验台,热动力实验台等。

2. 环控系统设计和建模仿真

本专业首次成功研制了我国装机飞行的蒸发循环环境控制系统,1996 年用于歼-10 雷达试验机,圆满完成了歼-10 雷达试飞任务,获得了省部级科技进步二等奖。此后,本专业教师在蒸发循环系统设计和建模仿真方面的研究不断深入,尤其是在蒸发器、冷凝器传热和压降计算方面,详见"两相流与传热"。先后提出了多个管内蒸发(常称为流动沸腾)传热公式、两相流压降计算公式,以及单相流摩擦系数计算公式。在国内外有较好影响。

在机载空气循环系统设计和建模仿真研究方面,提出了冷却涡轮流量特性和效率特性数学模型,开发出了飞机能量综合管理和环境控制系统等多款设计和性能仿真软件。

3. 两相流与传热

本专业以航空航天应用为背景,在管内沸腾传热流动和喷雾冷却传热流动方面开展了大量研究。发表论文百余篇,其中 SCI 源论文五十余篇,EI 源论文十余篇,出版学术专著 2 部。在管内沸腾传热流动和超临界传热流动数学建模研究方面,获得了国际先进的研究成果。方贤德教授提出的相变传热无量纲参数在国际上被称为方数(Fang Number),其团队的多个公式被国际同行评为精度最高。超临界压力下的流体不是严格意义上的两相流。但因为其既不同于气态,也不同于液态,在一些学术交流中往往纳入两相流范畴。

高过载条件下管内两相流与传热是现代高性能机战斗机、超声速飞行器和航天器环境控制和热管理系统的重要技术需求。南京航空航天大学在此领域已经开展了十几年的研究,完成了国家自然科学基金项目 4 项和国家博士点基金项目 1 项,在 R134a、水、R1234yf 工质的管内流动沸腾传热、两相流压降和流动不稳定性等方面取得了一些成果,总体水平处于世界领先地位。

4. 飞机燃油箱惰化

如果飞机燃油箱中气相空间氧浓度高,在点火源作用下,可能引起油箱燃烧爆炸。机载惰化目前是最为经济有效的燃油箱防火抑爆技术,目前在国外各类军民飞机中都得到了广泛应用。我国虽然起步较晚,但是南京航空航天大学本专业从 2008 年起,与国内主要航空主机/附件研究所合作,对此展开了系统的理论及实验研究工作,是国内在油箱惰化领域中研究成果最丰富的团队,研究工作主要涵盖中空纤维膜制氮装置实验和数学模拟、油箱中氧氮混合过程仿真、燃油中氧氮溶解和逸出规律、国产燃油理化特性分析及对易燃性的影响等。获国防科技进步二等奖 1 项,中国航空学会科技进步一等奖 1 项,申请或授权发明专利三十余项、实用新型专利四十余项,出版学术专著 2 部、培养博/硕士生 17 名,发表论文六十余篇,其中 SCI/EI 源论文四十余篇。其主要研究成果成功应用于 C919、MA700、大运、四代等国家重点型号中,产生了显著的社会经济效益。

5. 浮空器热特性建模仿真

南京航空航天大学在国内率先开展了浮空器(飞艇和气球)热特性仿真研究,获得了浮空器热特性建模仿真方法,提出了太阳辐射数学模型、红外辐射数学模型、浮空器外表面对流换热模型等。在浮空器热特性数学建模与仿真领域处于世界先进行列,在国内外有较好影响。

5.4.3 飞机防/除冰研究

本专业是国内最早开展飞机结冰及防/除冰技术研究的团体之一,在飞机结冰机理及数值模拟方法、结冰风洞试验及结冰探测方法、飞机防/除冰系统等方面,均具有鲜明特色;开展了大量飞机结冰机理、流场计算、水滴撞击特性计算、结冰冰型预测、飞机结冰试验技术、防/除冰技术、结冰适航技术等研究工作;研究成果在多个型号飞机研制过程中得到应用。承担国家973课题1项,国家自然科学基金重点项目1项,国家自然科学基金面上项目等6项,先后完成总装预研、国防预研、民机预研和重点型号攻关项目三十余项,授权发明专利十余项,发表了七十余篇相关的学术论文和科技报告,出版教材1部、专著1部,获得国防科技进步三等奖2项。

1. 飞机结冰机理及数值模拟方法

本专业发展了结冰网格生成和更新技术、结冰流场数值模拟的高效计算方法、流-固耦合计算、高密度比和高雷诺数条件下的多相流计算、水滴撞击和冻结模型,以及冰型数值模拟方法等。对飞机结冰机理和目前国际上研究的热点和难点问题——过冷大水滴变形、破碎和飞溅动力学行为的机理和预测方法,开展了研究工作。

自主研发了结冰数值模拟软件,可实现机翼贴体网格随冰形变化和时间步长局部自动重构,在保证运算速度的同时,显著提高了计算精度。开展了大量流场计算、水滴撞击特性计算、结冰冰型预测。研究成果先后应用于Y8特种飞机系列、C919、ARJ21、MA700、Y20、CR929等型号研制。

2. 结冰风洞试验及结冰探测方法

本专业开展了大量的飞机结冰试验技术研究,建有自行设计的回流式NUAA-ICE结冰风洞和小型直流式冰风洞,具有国内高校最为完备的结冰风洞实验条件。完成了流场品质、温度、速度、过冷水滴状态参数调节标定等大量的实验研究工作,发展了微米级单颗液滴发生器、微米级粗糙度表面制作方法等。不但有力支撑了飞机结冰的理论基础研究,还先后承担了多项型号项目的试验研究任务。

本专业同时开展了飞机结冰探测系统设计和适航符合性验证技术的研究,利用已有的水滴撞击和结冰预测领域的技术积累,研究了结冰探测器安装位置确定、结冰探测临界温度计算和无法探测工况分析等关键问题,先后承担了国产大型客机C919和CR929等国产民机型号的结冰探测系统设计支撑研究任务。

3. 飞机防/除冰系统研究

依托各类型号科研任务,本专业开展了大量防/除冰系统设计技术研究,形成了工程计算、数值模拟和试验验证相结合的飞机防/除冰系统设计和研究体系,针对电加热、热气、电脉冲、压电等多种防/除冰形式的设计及优化,开展了大量研究工作,并在防/除冰系统中引入石墨烯、超疏水涂层等新材料,用于提升防/除冰系统的性能。

在热气防冰系统的结构优化设计方法和性能验证数值模拟方面,形成了一套热气防冰系统优化设计验证方法;在电热除冰系统方面,自主开发了电热除冰系统设计与性能验证数值模拟软件,建立了冰层与蒙皮表面剪切应力测量试验台,在不同的结冰温度条件下测量冰层与蒙皮表面的剪切应力,获得了剪切应力随结冰温度的变化关系;研究了电脉冲除冰系统的除冰机理、数值模拟和设计方法,采用参数优化和反设计方法,获得电脉冲除冰系统最佳结构参数匹配,开展除冰效果模拟;针对压电除冰系统,采用有限元方法对压电阵列除冰系统的除冰机理、压电驱动器的设计方法开展了研究,获得适用于平板除冰的压电片排列方案和模态,并对不同压电片排列方式中的结构模型进行谐响应分析。

本专业飞机防/除冰技术的研究成果已应用于国内首次独立设计的某轰炸机的微引射热气除冰系统,并在国产支线飞机 MA700 和 ARJ21 以及大型客机 C919 的风挡防冰系统和机翼防冰系统研制过程中得到应用。

5.4.4　飞行器生命保障研究

1. 防护救生及气减速技术

防护救生及气减速技术涉及航空生理学、空气动力学、飞行力学、结构设计等多个学科领域,学科交叉性强。南京航空航天大学在该学科方向处于国内领先地位,该方向的专著、教材几乎均出自南京航空航天大学,包括《降落伞理论与应用》《飞行器环境控制与安全救生》《气动减速技术》《飞行器救生及生命保障技术》《飞行器救生及个体防护技术》等。

近年来,南京航空航天大学在大变形流–固耦合力学、多体多质点动力学、柔性织物多维折叠数值建模方法、自适应动态控制等方面更是形成了鲜明的特色,研究团队主持及参与国家自然科学基金、航空科学基金及国家重大型号项目子课题(包括神舟系列载人飞船、嫦娥工程、火星等气动减速系统研发)等四十多项,拥有国家授权发明专利十余项,获得省部级科技进步二等奖 3 项、三等奖 1 项。

2. 直升机救生技术

在直升机航空救生技术方面,本专业经过十几年的积累,形成了以下特色:

(1) 在国内高校率先系统地开展了直升机海上应急救生技术研究,针对海上救生主要装备——应急救生气囊系统,形成了理论、实验、数值手段齐全,内容涵盖全过程的直升机海上应急救生气囊系统研究体系。承担了国家直升机应急救生技术重大项目。

(2) 理论研究涵盖了充气过程特性、漂浮稳定性理论、升力相似性理论等。

(3) 实验研究包含了气囊充气实验、直升机气动特性实验、直升机–气囊组合体风洞试验、着水冲击实验、波浪实验等。

(4) 数值模拟研究包括了直升机流场、旋翼流场、浮筒干扰、波浪模拟等。

(5) 应急气囊救生系统故障诊断和可靠性研究。

(6) 救生系统对直升机飞行安全性影响的研究。

5.5　发展趋势

随着航空航天技术的快速发展,新概念飞行器不断涌现,大功率、高集成、高热流密度电子设备不断增加,同时国内多电、全电飞机研制也提上议事日程,民机研制已经取得了阶段性成果,民机适航成为今后的重要问题,这对环境控制、能量综合管理、高效换热、防/除冰系统等提出了更为苛刻的迫切需求,同时对载人航天、探月计划、新型战斗机等对防护救生和气动减速技术也提出了新的需求,飞行器环境控制与生命保障技术面临着新的机遇和挑战。

5.5.1　飞行器环境控制

为适应大功率电子设备冷却、飞行器性能提升以及能量优化需求,国外航空航天技术先进国家一直致力于飞行器环境控制领域的基础、应用基础研究,以及先进环境控制系统研究。

1. 空气循环环境控制系统

长期以来,飞机环境控制系统绝大多数是空气循环系统。新型空气循环环境控制系统及附件的研制仍然是飞机环境控制系统领域的重点研究课题。按照空气循环机不同,空气循环环境控制系统有三种基本形式:简单式、升压式、三轮式。这里所说的三轮式是指空气循环机具有涡轮、压气机和风扇。按照除水方式不同,空气循环环境控制系统可分为低压除水式和高压除水式。

新型空气循环环境控制系统大多是在这三种基本空气循环机形式和两种除水方式基础上的衍生和重构,例如冷凝式四轮高压除水系统。也有其他方面的创新,会引起较大的技术进步,例如多电、全电系统。多电、全电系统不从发动机引气,而是自带电驱动的压气机。另一方面,环境控制系统正在与其他热/能系统综合,朝着机载机电系统综合方向发展,如图 5.18 所示。

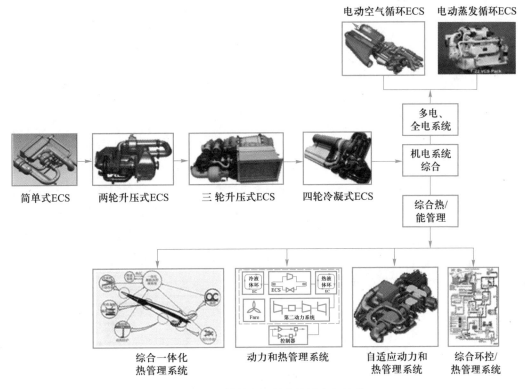

图 5.18 环境控制系统发展历史与趋势

环控系统衍生和重构后,会引起附件方面的变化,所以需要研制新的附件。随着新机种的不断涌现和电子设备的不断升级,即使系统总体结构方式没有改变,但为了适应不同的容量需求,需要解决容量改变引起系统变更带来的新附件研制等技术问题。另外,空气动压轴承技术在我国仍然是一个有待解决的重要问题。

2. 机载蒸发循环环境控制系统

现代高性能战斗机的高机动性及电子设备冷却需求,凸现出对机载蒸发循环制冷技术的需求。与传统的空气循环制冷系统相比,蒸发循环制冷系统的制冷系数高出一个量级左右,可显著提高飞机的作战效能。

20 世纪 70 年代,西方飞行器研发先进国家就开始酝酿使用该技术,但由于技术的复杂性,研发进程缓慢,在相当长的时间内只作为二、三代战斗机空气循环制冷系统的局部补充。20 世纪 90 年代,50 kW 级蒸发循环制冷系统作为第四代战斗机环境控制系统的主体,在美国 F–22 上获得成功,使得机载蒸发循环制冷技术成为现代高性能战斗机环控系统的重要选项。图 5.19 是 F–22 环境控制/热管理系统简图,其中环境控制系统以蒸发循环系统为主,以空气循环系统为辅,图中 PAO 为冷却液。

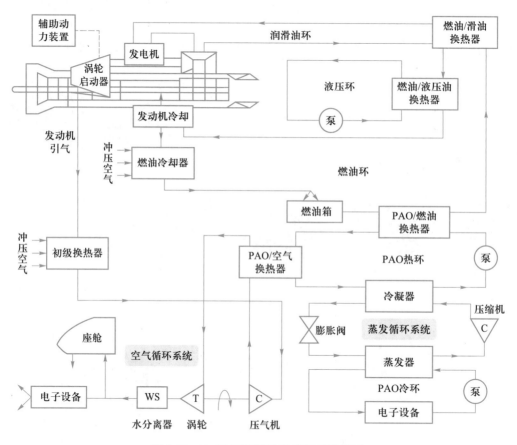

图 5.19 F–22 环境控制/热管理系统简图

我国在机载蒸发循环制冷技术方面开展了一些研究,取得了一些进展,但要满足现代高性能战斗机发展的需求,还有很多关键技术需要突破。

3. 电子设备高效冷却技术

现代航空航天电子设备不断朝着高集成、小型化、大功率、大热流密度方向发展,需要质量轻、体积小、传热密度大、传热效率高的冷却技术。冷却技术已经从空气强迫对流,发展到液体强迫对流,并向相变冷却方向发展。相变强化传热已成为重要技术手段,包括蒸发循环制冷、流动沸腾冷却、喷雾冷却、相变材料吸热、热管相变换热以及朗肯循环相变制冷等系统,如图 5.20

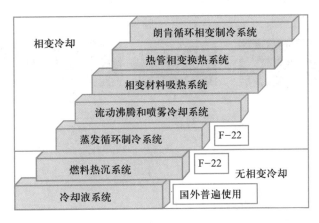

图 5.20　冷却技术发展概况

所示。目前研究的重点是不同重力条件下的相变冷却技术、强化传热技术、压降及流动不稳定性等。

　　过载环境下的流动沸腾传热是一个较新的研究领域。管内流动沸腾传热情形复杂,影响因素众多,包括重力场、流道尺度、流道形状、热流密度、质量流速、工质种类以及干度等。即使在常重力下,其机理尚未完全明了,不同研究者的结论甚至存在冲突。

　　纳米流体流动沸腾传热的研究文献始见于 2003 年。迄今为止,研究主要集中在常重力(地球重力)环境。在航空航天应用中,需要研究过载和微重力下纳米流体沸腾传热和流动。

4. 机载机电系统综合技术

　　随着高速/高超飞行器技术、红外隐身技术、多电飞机、高空长航时飞行技术的发展,大量复合材料的使用,以及碳达峰、绿色航空要求的提高,有效管理飞行器的热源和冷源变得非常重要,使得机载机电子系统(包括环控、燃油、电源、第二动力、液压、滑油等)的综合成为能量优化飞机的一个核心技术。机载机电系统综合可以合理分配飞行器的能量,综合利用飞行器自身的动力源、热源和冷源。

　　美国空军从 1990 年开始启动了一系列机载机电系统综合计划项目,其发展历程如图 5.21所示,包括多电飞机(MEA)计划,分系统综合(SUIT)计划,战斗机分系统综合技术演示验证(J/IST)计划,综合飞行器和能量技术(INVENT)计划,以及基于效能设计技术的拓展多学科设计优化(EXPEDITE)计划。这些研究不仅在时间上具有连续性,在研究内容上也具备继承性。INVENT 计划和 EXPEDITE 计划已经跨越了机载机电系统综合范畴,将机载机电系统综合纳入能量优化飞机的大布局。

　　MEA 计划的主旨是用电驱动替代机电系统原先的气动、液压和机械驱动方式。该计划的实施带来了机电系统的根本变革。SUIT 计划研究新的分系统综合技术,将环控、燃油、液压、第二动力等分系统综合成热和能量管理系统。J/IST 计划对 MEA 计划和 SUIT 计划成果进行了飞行试验验证。这几个计划的研究成果成功地应用到了战斗机 F-22(图 5.19)和F-35,并推广到了民航客机 A380 和 B787。这些成果及其应用凸显了环境控制系统和第二动力系统(合称为动力和热管理系统,PTMS)及燃油热管理系统(FTMS)在机电系统综合技术中的核心地位。

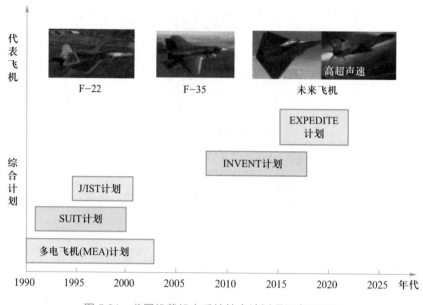

图 5.21 美国机载机电系统综合计划项目发展历程

INVENT 计划是美国空军实现能量优化飞机目标的关键项目,提升到了国家层面,其关键技术之一是机电系统综合的核心要素:PTMS/FTMS。由于 PTMS/FTMS 的综合关联,有人称它们为自适应动力与热管理系统(APTMS)。不过,不同文献对 APTMS 的定义并不一致。EXPEDITE 计划关注研制未来革命性、经济可承受飞行器中的技术挑战,其目标之一是对热管理系统综合技术进行改进和扩展。其中,PTMS/FTMS 仍然是关键技术。INVENT 计划综合热管理系统如图 5.22 所示。

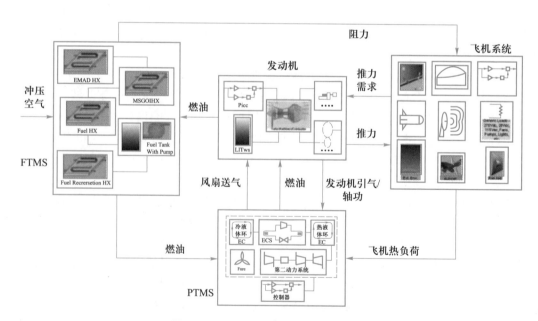

图 5.22 INVENT 计划综合热管理系统

5. 综合环境模拟与控制技术

随着社会的发展和科学技术的进步,人的生存和工作空间不断扩大,各种新产品不断涌现,需要进行各种类型的环境适应性及可靠性试验,对人的环境适应性试验也提出了更高的要求。美国 2000 年正式颁布的新军标 MIL-STD-810F 代表了目前最新的环境试验要求。它规定了温度、湿度、低气压、振动四种综合环境试验。

随着我国民用大飞机的研制,民机适航的研究已经开展了近十年,其中舱内环境(温度、湿度、压力、空气速度、污染物浓度等)成为适航工作的重要内容,对环境控制系统性能提出了严格的指标要求。同时,国外很早就重视研究人体在不同环境中的应激反应。除了航空航天领域,矿业、石油化工、纺织、建筑、电子设备、食品、汽车、船舶等领域的环境模拟新技术的研究也较为广泛。多参数综合动态环境模拟和控制技术是环境模拟技术的主要发展方向,当前国内这方面的工作还较为欠缺。

6. 燃油箱惰化技术

机载惰化是目前最为经济有效的燃油箱防火抑爆技术,目前在国外各类军民飞机中都得到广泛应用,如 F-22、F-35、KC-135、AH-64、波音 737、波音 747、空客 320 等。

燃油为热沉的能量综合管理技术是飞行器能量综合管理的重要方法之一,这对未来飞行器燃油系统安全防护与合格审定方法提出了全新的发展需求,具体表现在以下几方面:(1) 安全性和生命力带来了对高效经济的燃油系统安全防护技术的迫切需求;(2) 高速和高空长航飞行的"热"或"冷"问题带来了对燃油物性研究的迫切需求;(3) 合格审定与环保要求催生了"绿色"燃油系统安全防护技术的发展。因此,需要研究先进油箱防火抑爆惰化新技术。

下面介绍几个值得研究的热点问题:

● 低温催化氧化惰化技术:利用燃油蒸汽与空气混合物进行无焰催化氧化反应,经过降温干燥后将生成的二氧化碳和氮气混合惰气通入油箱进行惰化。

● 涡轮或电动增压惰化技术:用涡轮或电动压缩机进行空气增压,极大程度缩小机载惰化系统的重量和体积,减少燃油的代偿损失。该技术在波音 787 上得到应用。

● 燃料电池油箱惰化技术:燃油蒸汽在催化剂作用下催化重整,生成氢气和二氧化碳,氢气和压缩空气中的氧气进入氢氧燃料电池发生化学反应生成水,同时产生电能,排出的尾气经冷凝处理后进入油箱,降低油箱内的氧气浓度,实现飞机供电、供水和油箱惰化三重功能。

● 顺磁泵去氧惰化方法:氧气是一种顺磁物质,而氮气、二氧化碳和多数燃油蒸汽会被磁场排斥。根据这个原理,利用顺磁泵产生空间分离磁场,可将氧气分离,产出惰气。

● 低温制氮惰化系统:从引气、座舱空气或冲压空气接收空气,初步冷却后压缩,经过换热器(液氮或液氖)冷却至-120 ℃到-70 ℃,再经过气体分离装置,即可产生富氮气体。

● 金属钴去氧惰化方法:将吸附装置与油箱无油空间连接,吸附装置中的钴粉对氧气具有很强的吸力,吸附装置成对设置,交替使用,加热可释放氧气并恢复吸附力。

5.5.2 飞机防/除冰

飞机防/除冰系统是保证飞机安全飞行的重要系统之一。美欧等航空先进国家一直致力于对飞机结冰及防/除冰系统的研究,重点研究了飞机结冰机理及数值模拟方法、结冰风洞试验及结冰探测方法、飞机防/除冰系统研究等关键问题。

1. 飞机结冰机理及数值模拟方法

飞机结冰是一个非常复杂的流动和传热耦合的非定常物理过程,需要在大量的结冰风洞试验数据和空中自然结冰条件试验数据的基础上,探讨结冰机理,解决空中结冰气象条件的物理现象和数学表述、结冰风洞试验方法、结冰模型设计方法等关键技术。利用冰风洞进行结冰机理研究,仍然是未来飞机结冰机理研究的主要途径。

数值模拟为结冰模拟以及预测结冰后造成的气动性能损失提供了强有力的工具。各航空先进国家研究机构纷纷开发了结冰数值模拟软件。国内关于飞机结冰数值模拟的研究起步较晚,直至近十年才开始了部分研究工作,需要在结冰机理、冰形计算、流场计算、大水滴撞击下的机体表面水收集系数计算、水膜流动的数值模拟、耦合计算方法等方面深入研究,提出高精度数学模型,在此基础上改进现有软件或研发新软件。

2. 结冰风洞试验及结冰探测方法

结冰风洞是研究飞行器结冰和防冰的试验平台。南京航空航天大学本专业于 2014 年建成了小型研究型结冰风洞,但在试验方法和经验方面还有所缺乏,需要重点开展以下研究:

(1) 结冰探测方法。目前虽有十几种结冰探测方法,主要包括光学法和压电测量方法等,但是由于技术上不成熟,除少部分已得到实际应用外,大部分方法还处于研究阶段。

(2) 结冰光学测量方法。主要是高速摄影技术及其图像数据处理技术。通过图像获取及对二维图片信息的三维重构等图像处理分析,实现结冰判断和结冰区域的识别。

(3) 压电结冰探测方法。该方法利用压电元件发出的超声导波对结冰进行测量,具有测量范围广、精度高、可靠性高等优点。目前国内外压电结冰探测技术还处在起步阶段,需要进一步深入研究。

3. 飞机防/除冰系统研究

现有防/除冰系统可分为两大类:一类称为防冰系统,这类系统不允许在飞机部件上产生积冰;另一类称为除冰系统,这类系统允许在飞机部件上有少量的积冰,然后有针对性地将其除去。需要防/除冰的主要位置为机翼、尾翼、风挡玻璃、发动机进气口、螺旋桨、重要测量传感器、某些辅助进气口等。目前,大型民用客机主要采用热气防冰系统和电热除冰系统。

需要根据我国飞机防/除冰技术需求,开展飞机防/除冰系统研究,实现新的系统设计,主要包括热气防冰系统、热气防冰腔的设计和热力计算、电热防/除冰系统、新型防/除冰系统、新材料新技术在飞机防/除冰中的应用等。

5.5.3 飞行器生命保障

飞行器生命保障涉及机械工程、飞行力学、空气动力学、控制技术、航空生理学等诸多学科的综合交叉,是航空航天器发展的关键技术之一。它的研究范围较广,重点是飞行员和航天员的个体防护、安全救生及生存保障问题。

1. 气动减速技术

气动减速技术应用于航空航天很多领域,例如图 5.5 所示火星科学实验室的进入、减速、着陆过程,又如我国天问一号火星探测器着陆巡视器的着陆过程。所以这里单独对其进行介绍。

20 世纪 40 年代,国外就开始对降落伞进行了系统的研究,形成了降落伞设计、伞—载系统动力学、降落伞空气动力学等分支方向。随着星际探测、大载重飞行器减速系统发展的需要，机械式气动减速装置、柔性充气式气动减速装置也得到了发展，目前国外气动减速器已经成功应用于低动压、高超音速飞行器的减速，并实现软着陆。

进一步发展多种形式的气动减速装置，扩展其应用领域，并进一步提高试验测试水平，提高降落伞及其他气动减速装置的数值模拟技术水平，提高理论分析及仿真技术在产品设计和型号研制中的地位，以及实现降落伞及其他减速装置的优化设计，是当今气动减速技术领域的发展趋势。

2. 定翼机安全救生

定翼机安全救生以弹射座椅、救生伞及气动减速技术为重点研究对象，其次是个体防护技术。未来的发展趋势主要有如下几个方面：

（1）在弹射救生技术领域，开展先进弹射救生装备研究，发展自适应可控弹射动力技术，实现座椅的主动稳定、轨迹可控，具有更高的抗高速气流能力，大力提高弹射救生装备的性能包线。

（2）在气动减速技术领域，参见上节。

（3）在个体防护装备方面，发展智能化、多功能的个体防护技术，发展能同时感受过载、缺氧、温度等并适时对飞行员进行防护的个体防护装备。

（4）加强基础性研究，包括提高防护救生和气动减速领域复杂可压缩湍流的计算和预测水平，从多学科交叉的角度提高模型准确性，以及加强数值仿真技术研究等。

（5）加强设计技术研究，提高弹射座椅、降落伞及其他减速装置的数值化设计和优化设计能力，发展个体防护装备一体化设计技术，使个体防护装备向轻小型、低成本、通用化、系列化方向发展。

（6）重视试验技术发展，提高动态试验能力及测试水平。

3. 直升机救生技术

直升机救生技术朝着高可靠性、高智能化、高集成化以及组件模块化方向发展。未来研究发展方向主要有以下几个方面：

（1）事故场景智能识别和智能启动技术。建立事故场景的预测模型。通过与当前直升机各部分运行参数进行实时对比，快速可靠地进行事故预警与救生系统的智能启动。

（2）系统智能自检及故障诊断。建立可靠的故障预测模型，对救生系统进行实时检测，确定关键部件的更换周期，合理搭建救生系统故障的"知识库"，实现救生系统的高可靠性。

（3）新的适航与模型试验技术。当前的适航标准对直升机救生设备的要求依然比较笼统和粗糙，已有的直升机救生系统模型试验方法和理论不足。因此，需要更多的研究来制定新的适航标准，同时提出更多的满足不同救生系统的试验方法和模型试验理论。

（4）高效、高精度流-固耦合数值计算方法。已有的对直升机救生系统运动、变形过程进行数值模拟的计算方法效率不高，并且计算结果的有效性也有待提升。因此，需要发展适用于模拟直升机救生系统运行过程的高效、高精度数值计算方法。

（5）新的直升机救生技术。一些新的救生技术的提出可以完善现有救生技术，提升可靠性，如旋翼分离-机体整体伞降技术、直升机用安全气囊与抗坠毁座椅的联合设计和优化、水陆两用冲击吸能结构设计等。

5.5.4 人机功效

人机功效学把机(工具、设备)和环境(工作场所)与人的体力、体形、心理、生理和功能联系起来进行研究,使得作业更能够与人相适应,而不是要求人适应这些因素,从而使人减少失误,避免作业对健康的损害,提高安全性和工作效率。各个行业都有自己的人机功效问题。在本专业,人机功效跨越飞行器环境控制和生命保障两个领域。

我国航空航天领域人机功效相关研究从 20 世纪 70 年代开始,但真正较深入的研究是从 20 世纪末开始。研究思路基本沿袭国外,借鉴国外的一些模型。近年来由于载人航天领域的发展,我国在人机环境与工效领域的研究取得了较大进展。

下面介绍几个主要研究方向:

(1) 座舱人机界面工效学。驾驶舱和航天载人舱是典型的人在回路的复杂的人、机、环境交互系统。飞行员、航天员的工作绩效受到信息显示界面、操作界面及舱结构的很大影响,需要进行设计和评价研究。

(2) 人体热舒适和热应激。热舒适是指大多数人对客观热环境从生理与心理方面都达到满意的状态。某一热环境是否舒适主要取决于三个方面的影响因素:环境等物理方面;人体对冷、热应力的生理反应等生理方面;人在热环境中的主观感觉等心理方面。严峻的航空航天环境使人体热舒适和热应激与在地面环境下的很不相同。

(3) 人的认知能力与机和环境的关系。研究思维、记忆、视觉和情景意识等认知因素与设备之间的关系。现代航空航天的信息显示界面和操作界面不断朝着智能化、复杂化方向发展,界面系统承载的信息随之变得多元化、复杂化。需要研究新情况下人的认知能力与机和环境的关系,对工作负荷进行评定。

(4) 个体防护装备工效学。前面专业内涵中,对航空航天个体防护装备种类作了简单介绍。需要研究飞行员、航天员使用个体防护装备时的人机工效,指导个体防护装备的研发。

(5) 飞行器人机环境系统的模拟。一种是数值模拟,研究数学建模和计算方法,开发数值仿真软件,用于系统设计、改进、分析和评价等。另一种是物理模拟,搭建合理的试验平台,尽量真实地模拟实际的飞行器人机环境系统,为飞行员和航天员的培训、训练提供设施。